U0321226

获国家科技支撑计划子课题（2013BAJ10B09-2）资助

防灾避难场所规划设计方法与应用

初建宇　马丹祥　著

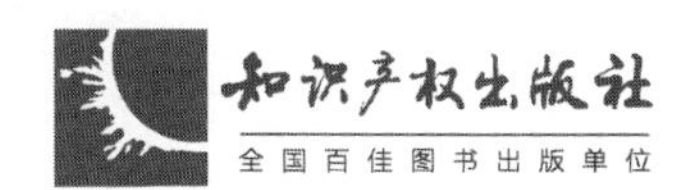

图书在版编目（CIP）数据

防灾避难场所规划设计方法与应用/初建宇，马丹祥著．—北京：知识产权出版社，2015.7

ISBN 978-7-5130-3671-9

Ⅰ.①防… Ⅱ.①初… ②马… Ⅲ.①紧急避难—公共场所—建筑设计—研究 Ⅳ.①TU984.199

中国版本图书馆 CIP 数据核字（2015）第 172020 号

内容提要

本书针对选址评价、布局优化、责任区划分和灾害风险评价等避难场所规划问题，分别建立了 5 个数学模型，详细分析了模型的特点，并给出了相应的求解方法和数值算例。为了提高这些模型的可操作性，开发了避难场所规划决策支持系统，并应用于某县城镇避难场所规划。本书还研究了“平灾结合”设计、应急住宿区设计和应急设施配置等避难场所设计理论与方法。本书可作为防灾减灾工程及防护工程、安全科学与工程、城市规划与设计、管理科学与工程等有关专业本科生或研究生的参考书，也可供从事避难场所研究、规划、设计和管理等人员阅读参考。

责任编辑：唐学贵　　　**执行编辑**：于晓菲　聂伟伟

防灾避难场所规划设计方法与应用

The Methods for Planning of Emergency Shelter and Its Application

初建宇　马丹祥　著

出版发行：知识产权出版社有限责任公司		**网　　址**：http://www.ipph.cn	
电　　话：010-82004826		http://www.laichushu.com	
社　　址：北京市海淀区马甸南村 1 号		**邮　　编**：100088	
责编电话：010-82000860 转 8363		**责编邮箱**：yuxiaofei@cnipr.com	
发行电话：010-82000860 转 8101/8029		**发行传真**：010-82000893/82003279	
印　　刷：北京中献拓方科技发展有限公司		**经　　销**：各大网上书店、新华书店及相关专业书店	
开　　本：720mm×960mm　1/16		**印　　张**：17	
版　　次：2015 年 7 月第 1 版		**印　　次**：2015 年 7 月第 1 次印刷	
字　　数：280 千字		**定　　价**：58.00 元	

ISBN 978-7-5130-3671-9

前 言

重大自然灾害和事故灾难等重大突发事件造成房倒屋塌或严重破坏，基础设施系统瘫痪，居民丧失生活环境和生活条件，大量人员需要被转移安置在避难场所避难。在突发事件发生时能否及时提供避难场所，已经成为衡量政府应急管理能力和减灾能力的重要内容。为合理配置应急资源，高效组织避难疏散和救援活动，节约政府财政投入，急需完善避难场所规划设计理论与方法，以指导我国避难场所的规划建设。

作者长期致力于避难场所规划设计理论与方法的研究工作，在选址评价、布局优化、责任区划分、灾害风险评价和应急住宿区设计等方面开展了较深入的研究，发表了20余篇学术论文，这些研究为本书的出版奠定了基础。

本书共分为十章。第一章介绍了避难场所规划设计的研究背景、避难场所基本概念及其规划设计的特点和内容等；第二章建立了选址适宜性评价指标体系并给出了评价标准，提出了基于理想点已知部分属性权重信息的选址适宜性评价模型，给出了求解方法和数值算例；第三章提出了基于改进集合覆盖模型与P-中值模型相结合的避难场所布局优化与责任区划分模型，给出了分步求取避难场所数量和责任区范围的求解方法，并进行算例验证；第四章在第二章和第三章的基础上，建立了选址评价、布局优化与责任区划分综合模型，并给出了改进粒子群算法的求解方法和数值算例；第五章考虑政府和避难者决策目标不同，建立了选址优化和责任区划分双层规划模型，并给出了相应的求解方法和数值算例；第六章以第二、

三、四章规划模型为基础，利用 C#编程语言和 ArcGIS 平台设计并开发了避难场所规划决策支持系统；第七章以某县级市为例，系统应用本书规划模型和决策支持系统，提出该县城镇各级避难场所的规划方案；第八章阐述了地震次生火灾、爆炸耦合转化的机理，建立了灾害链风险评价模型并给出模型参数的确定方法；第九章提出了避难场所“平灾结合”的设计思想，给出了应急住宿区避难帐篷布置的分级控制指标，提出各类避难场所应急设施的配置要求；第十章提出避难场所组织管理、平时管理和灾时管理的基本要求。

本书的出版得到天津大学梁建文教授、华北理工大学苏幼坡教授、北京工业大学马东辉教授、美国得克萨斯理工大学刘鸿潮教授的热情指导和大力支持。编辑于晓菲女士为本书的出版付出了辛勤的劳动。本书撰写过程中，参考和引用了许多同行专家的论文、著作、标准和新闻图片等，并吸纳了其中一些成果。在此，作者对他们致以衷心感谢！

本书的出版得到“十二五”国家科技支撑计划子课题“华北地区村镇住宅抗震和应急避难技术研究与示范”（编号：2013BAJ10B09－2）的资助。

限于作者水平，书中不足之处在所难免，欢迎专家和读者批评指正并反馈给我们，以便我们及时更正，推动避难场所规划设计理论与方法的完善和发展。

初建宇

2015 年 5 月 30 日于华北理工大学

目　录

第一章 绪论

重大自然灾害和事故灾难等重大突发事件造成房倒屋塌或严重破坏，基础设施系统瘫痪，居民丧失生活环境和生活条件，大量人员需要被转移安置在防灾避难场所避难。例如，中国2008年汶川特大地震紧急转移安置1510万人（见图1-1），2010年玉树地震紧急转移安置22万人，2003年重庆开县天然气井喷事故紧急转移安置10万人（见图1-2），2004年重庆天原化工总厂氯气泄漏紧急转移安置15万人。日本1923年关东地震130万人避难疏散，1995年阪神地震30余万人避难疏散，2011年东日本地震和海啸近40万人避难疏散。2004年印度洋地震伴生海啸（见图1-3），约500万受灾人口寻求避难。2005年“卡特里娜”飓风登陆，美国政府要求新奥尔良市百万人撤离城市，实施远程避难疏散。

图1-1 汶川地震后灾民被转移异地安置

图 1-2　重庆开县井喷事故后居民被紧急转移

图 1-3　2004 年印度洋海啸后等待安置的斯里兰卡居民

1.1　问题的提出和研究意义

1.1.1　灾害避难的历史教训

1. 灾民无处避难

据记载，从公元前 23 世纪至公元 1911 年，在我国发生的 1034 次地震中，出现多次地震后灾民“人甚恐，多露宿”“哮哭惊声日夜不绝，民皆露宿”“兵民口食无资，栖身无所”“人民流散”“瘟痢随作”“人俱死，无收瘗者”。1917 年和 1925 年，云南发生两次严重地震。“嶍峨（今云南省峨山彝族自治县）连震五昼夜，城内外房屋罕有存者，人民全家压毙，所在皆是。地震后即以大雪，饥饿遗黎、庇身无宇，冻死载道者弥望相锺……”“村中倒塌房屋中，亦救出人民数百，有老有少，甚有不着衣服之妇孺，一并集中旷地，血肉模糊，有似活地狱现象。斯时也，生者无食，死者无殓，伤者无药……”“人民露宿旷地，无衣乏食，老弱悲号，妇孺饮泣，目睹心伤，难为图状。”1920 年宁夏海原地震，“地震时值冬日，气候寒冽，灾民流离失所，衣食俱无，不死于地震多死于冻馁”。

我国几千年有文字记载的灾害史表明，许多重大灾害灾民没有息身之所，灾民不得不长时间露宿街头或荒郊野外，造成大量灾民死亡。2008 年汶川特大地震后几天内，由于缺少合理有效的避难场所，大部分居民只能选择在街头、路边等场地避难（见图 1–4）。

图 1–4 汶川地震后居民在街边露宿

2. 避难地点不安全

避难地点不安全造成人员伤亡的典型案例为1923年日本关东地震，地震后，约130万人避难，仅上野公园内就有50万人，平均每人占地面积只有1.25m^2。而且，临时避难的场所均缺少基本安全设施，结果地震后的大火造成7万多避难人员死亡，仅在被服厂内就有近4万人被烧死。

1976年唐山地震后，市中心区的几十万居民无家可归，在公园、操场、空地、道路旁自发地搭建了大量防震棚。由于没有统一规划，不仅给应急救援带来了很大困难，也存在重大火灾隐患；2008年汶川地震后，暴雨引发了汶川的多处泥石流灾害，避难安置点的部分房屋被毁，造成多人死亡或失踪；1999年我国台湾集集地震中，原规划为避难据点的部分建筑因地震破坏而无法发挥其应有的应急功能，如图1-5所示。

图1-5　我国台湾集集地震中部分避难据点倒塌

3. 避难生活条件差

唐山地震、汶川地震和玉树地震灾后的避难实践表明，紧急指定的避难场所缺乏合理的责任区划分，造成部分场所人满为患和灾民避难生活困难。1976年唐山地震时，全国还都没有规划建设避难场所，北京的数百万人震后紧急避难疏散，仅在中山公园、天坛公园和陶然亭公园就有17.4万人避难，对首都城市功能的运转造成严重干扰；2008年汶川地震后，大批避难人员进入绵阳市区，绵阳九洲体育馆原设计容纳6050人，从5月13日至6月29日，接待的避难人员已达到约10万人次。在体育馆内没有划分功能区，缺乏必要的供水、供电、排污以及垃圾储运设施，给避难人员基本生活及应急救援工作造成了很大困难（见图1-6）。

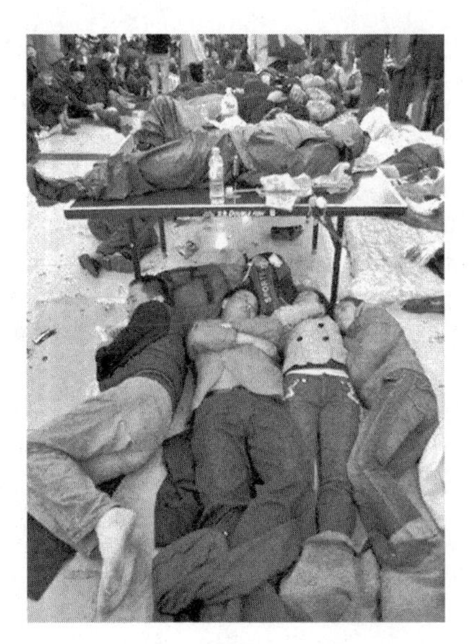

图1-6　临时指定避难场所内的拥挤状况

4. 疏散和救援道路受阻

重大灾害发生后，远程避难和应急救援要求有通畅的应急道路，疏散和救援道路的阻塞，会不同程度地影响灾民避难行动和应急救援工作。如汶川地震发生后，道路基本处于瘫痪状态（见图1-7），造成救援队伍进不去、受灾群众疏散不出来的困难情况；2005年美国“卡特里娜”飓风造成新奥尔良市区80%的面积被洪水淹没，许多避难人员乘坐的车辆被困在公路上（见图1-8）。

图 1-7 地震后通往汶川的道路被山体滑坡阻断

图 1-8 志愿者救助被“卡特里娜”飓风困在公路上的避难人员

1.1.2 我国避难场所建设现状

2003 年我国第一个地震应急避难场所示范点，在北京元大都城垣遗址公园建成。从此，我国避难场所的规划建设在全国范围内展开，从首都向各省、市、自治区的首府扩展，从特大城市、大城市向中小城市乃至县、乡发展，从单一类型的避难场所（防灾公园）向多种类型（学校、体育场馆、广场、空地等）并举发展。据不完全统计，截至 2012 年 12 月月底，全国除西藏自治区外，所有的省、直辖市、自治区均开展了不同等级的避难场所建设，目前，已建设的或正在建设的不同类型、按不同要求建设的避难场所约 13000 处。

我国避难场所建设工作虽然取得了较大的进展，但仍存在不少问题。规范化地规划设计和建设满足实际需求的避难场所系统，还要花费较长时间，投入较多人力、物力和技术资源。

1. 重建设轻规划设计

我国避难场所建设正由示范、试点转向大面积铺开建设的阶段，但是，我国各地普遍没有开展避难场所专项规划的编制工作，设计建造的避难场所简陋。主要原因是规划的重要性、必要性没有引起各级政府和有关部门的认识、重视，以及已经颁布的规划设计与相关国家标准还不够细化、不够准确等。

2. 数量不足和分布不均

以目前我国已建设避难场所数量最多的北京市为例，全市只有9个区县，建成32个达到标准要求的避难场所，能够安置的避难人数还达不到全市避难人口的1/10。全国其他城市还远不能与北京相比，可见避难场所的数量严重不足。

3. 缺乏配套应急设施

有些城镇公布建成的避难场所，只是设置了一些应急设施标识，没有或少有实质的应急设施和物资储备，使避难场所建设流于形式。一旦严重灾害发生，这样的避难场所将难以发挥应急避难功能，也不能满足灾后应急救援的要求。

1.1.3 研究意义

我国是世界上自然灾害最严重的国家之一，灾害种类多、分布地域广、发生频率高、造成损失重。近些年是我国历史上自然灾害最为严重的时期之一，灾害多发并发、大灾突发连发。同时，随着对资源和各种产品需求的不断增加，事故灾害呈现频繁发生、风险加剧的态势。在突发事件发生时能否及时提供避难场所，已经成为衡量政府应急管理能力和减灾能力的重要内容。

目前，我国避难场所规划设计工作，还主要依赖规划设计者的专业知识与经验确定避难场所的数量、布局和应急设施设置。缺乏科学的规划设计方法指导，使部分已建成的避难场所出现了场所本身不安全、缺乏配套的应急设施以及场所数量不足、分布不均等缺陷。这些存在缺陷的避难场所不但不能在灾时发挥应急避难功能，甚至可能造成像日本1923年关东地震那样的避难人员大量伤亡事件，对存在缺陷的避难场所关闭或改建也会造成巨大浪费。

在我国避难场所建设由试点转向大面积铺开的趋势下，为合理配置应急资源，高效地组织避难疏散和应急救援活动，节约政府财政投入，急需完善避难场所规划设计理论和方法，解决避难场所选址评价、优化和责任区划分以及住宿区设计指标等关键技术问题。

1.2 避难场所分类和功能

1.2.1 概念和分类

按照国家标准《城镇防灾避难场所设计规范》（报批稿）的定义，防灾避难场所（以下简称避难场所）是为应对突发性自然灾害和事故灾难，政府指定用于居民集中进行疏散和避难生活，配置有避难生活服务设施的一定规模场地和按照应急避难要求建设的建筑工程。可见，避难场所属于一种特殊类型的应急公共服务设施。

按照不同的设定指标，避难场所有多种类型。

1. 按避难应对灾种分类

按避难应对的灾种可称为地震避难场所、防风避难场所、防洪避难场所等，如专用于地震灾害的可称为地震专用避难场所，应对多灾种的可统称为综合防灾避难场所。

2. 按服务对象分类

避难场所可以为支援灾区的部队、工程技术人员、医疗队、志愿者和救灾指挥机构服务，也可以为居民服务，还可以同时服务，因此避难场所可以划分为避难型（为居民避难服务）、指挥救援型（为救援人员和指挥机构服务）、混合型（同时为居民避难和救援人员、指挥机构服务）。

3. 按规模与功能分类

规模是指避难场所的面积。根据我国《城市抗震防灾规划标准》（GB 50413—2007）和日本相关标准，按照规模与功能对避难场所划分如下：面积大于 50hm^2 为中心避难场所，一般城镇只有 1 个，特大城市只有少数几个，大多数为指挥救援型。10hm^2 左右的是固定避难场所，1hm^2 左右的为紧急避难场所，它们主要是避难型，其中固定避难场所可能是混合型。

可见，避难场所按功能可分为紧急避难场所、固定避难场所和中心避难场所。其中，紧急避难场所用于避难人员就近紧急或临时避难，也是避难人员集合并转移到固定避难场所的过渡性场所；固定避难场所具备避难住宿功能，是用于避难人员固定避难和进行集中性救助的避难场所；中心避难场所是具备救灾指挥、应急物资储备、综合应急医疗救援等功能的固定避难场所。

4. 按时间长短分类

避难场所按时间长短可划分为短期、中期和长期避难场所。根据国家标准《地震应急避难场所场址及配套设施》（GB 21734—2008）按避难时间将其划分为 3 类，Ⅰ类 30 天以上，Ⅱ类 10～30 天，Ⅲ类 10 天以内；“防灾避难场所设计规范”（报批稿）规定短期固定避难场所避难时间一般不超过 15 天，中期固定避难场所一般不超过 30 天，长期固定避难场所一般不超过 100 天。

5. 按避难设施类型分类

在国内外避难场所建设实践中，根据所选择场所平时为公园或建筑的不同，可将避难设施称为防灾公园或避难建筑。按避难设施的类型可将避难场所分为防灾公园、学校避难场所、广场避难场所、体育场馆避难场所、福祉避难场所等。

6. 按空间分类

避难场所按空间分为开放空间和封闭空间两类。开放空间是指避难场地，如公园、绿地、空地、广场、体育场、学校操场、露天停车场和集贸市场等，利用其开放空间搭建帐篷、简易房或过度安置房供避难人员栖身；封闭空间是指避难所，如体育馆、学校教室等各类房屋建筑，利用既有的封闭空间供避难人员避难。

1.2.2 主要功能

避难场所的功能划分为应急管理、应急住宿、应急交通、应急供水、应急医疗卫生、应急消防、应急物资储备、应急供电、应急通信、应急排污、应急垃圾储运、应急通风和公共服务等。其中，应急管理、应急住宿、应急医疗卫生、应急交通、应急供水、应急住宿配套的应急通风及其应急供电是保障避难人员生命安全和基本生存的应急功能。

1. 应急住宿

避难场所需要为避难人员提供避难生活空间，并保障避难人员的基本生活条件。避难场所应急住宿区必须具备可搭设棚宿设施的开敞空间或避难建筑，并具备满足避难人员基本生活需要的开水间、公共卫生间、盥洗室等公共服务设施。应急住宿功能是避难场所最重要的应急功能，如图1-9所示。

图 1-9　避难帐篷及配套的生活用品

2. 应急医疗卫生

灾害发生后，灾区医院遭受不同程度的破坏，甚至失去救护和卫生防疫功能，域外医院和卫生防疫机构远水解不了近渴。避难场所内应设置应急医疗所或应急保障医院，救治伤员或将危重伤员转移到灾区内、外的医院治疗，如图 1-10 所示。

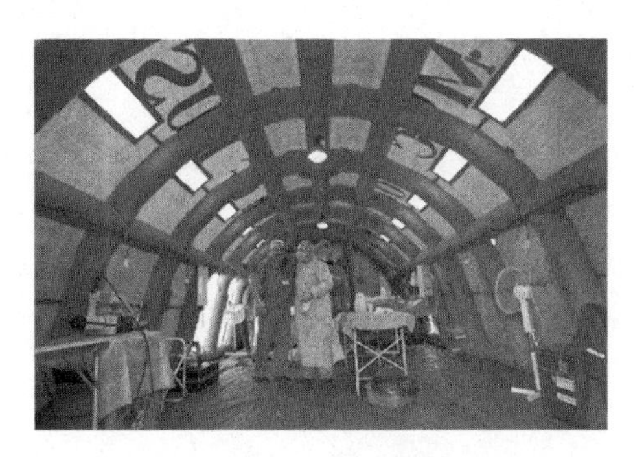

图 1-10　汶川地震后由外国援建的应急医院

3. 应急交通

应急交通功能设施包括：避难场所外应急道路，避难场所出入口，避难场所内疏散通道、停车场、停机坪等。通过应急道路把避难人员安全引导到避难场所，避难人员和救援车辆经过出入口进入避难场所，直升机停机坪保障快速运输救灾物资和转运重伤员。这些功能设施为避难者日常生活以及有效地开展救援与消防活动创造便利的交通条件。

4. 应急供水

严重灾害造成给水系统中断供水时，避难场所应保障避难人员基本饮用水和医疗用水的供给。也可以调集给水车紧急为避难人员供水或者调集矿泉水、纯净水等分发到各个避难场所。还可以利用避难所附近的河水、湖水和公园水景用水，经净化后作为避难生活用水。

5. 应急供电

应急供电系统在灾后避难疏散和救援中发挥巨大的作用，如果没有应急供电系统，一切依靠电力运行的设备将失去功效，避难场所无夜间照明会给灾民的避难行动和避难生活带来不便。

1.3 规划设计特点和目标

避难场所规划是对避难场所的种类、数量、位置和服务责任区的布局和划分。避难场所设计是根据避难场所规划要求以及场地条件复核避难容量，确定空间布局，综合设置应急保障基础设施，配置应急辅助设施和设备物资。

1.3.1 规划设计特点

重大突发性自然灾害和事故灾难除了具有一般紧急事件相同点之外，也有其突出的特征：在短时间内需要大量、大规模的应急服务。例如，汶川地震后需要紧急转移安置超过1500万人；重大突发性自然灾害和事故灾难发生的频率很低等。因此，在规划设计主要应对重大突发性自然灾害和事故灾难的避难场所时，需要考虑其与一般应急设施的不同特点。

1. 需具备较高抗灾能力

灾害发生后的灾害环境与平时不同，避难场所所处区域可能也面临重大灾害风险，如地震灾区的避难场所难以避免受到地震的影响。因此，需要避难场所安全并具备较高的抗灾能力。

避难场所规划设计时，需要针对所需应对的灾害按照相关城乡规划和应急管理要求，确定相应灾害的设定抗灾设防标准，并满足避难场所使用期间可能遭遇的其他突发事件的防灾要求。其中，避难建筑应比一般建筑具备更高的抗震（风）设防目标。

2. 利用现有设施实现“平灾结合”

重大突发性自然灾害和事故灾难发生的频率很低，如果只建设单一避难服务功能的避难场所，势必会造成很大的浪费。国内外避难场所建设普遍采用“平灾结合”的方式，平时是用于教育、体育、公务、休闲以及生活、生产活动的场所，通过应急设施的设置使其具备应急避难的功能，灾时能有效地转换成避难场所。这是避难场所规划设计区别于其他应急设施规划的主要特点。

“平灾结合”的特点要求避难场所除需要满足避难功能要求外，还需要充分考虑场所平时状态下的使用功能。通过应急设施与平时设施的共享，有效节约利用资源，做到平时功能和灾后功能的共容。

3. 服务责任区不重叠

重大突发性自然灾害和事故灾难一旦发生，将产生大量的避难人员，需要开放多个避难场所，为受灾人员提供服务。为了使避难行动有序进行，难场所规划设计时需要计算避难人口数量和避难场所容量，确定服务避难人口的地区范围，避难场所需要满足此范围内避难需求。当复核避难容量不能满足避难需求时，就需要调整责任区范围。

责任区主要是指避难场所应急避难住宿的指定服务地区。避难场所规划要求责任区不能重叠，因为相互靠近的责任区重叠，容易导致灾后出现有的场所避难人数远少于容量、有的场所人满为患等避难疏散混乱问题。这是避难场所规划区别于其他应急设施的重要特点。

需要说明的是，城市级应急指挥管理、应急物资储备、应急医疗等功能，通常也会结合避难场所进行设置，这些城市级应急功能的服务范围往往超过避难场所本身的责任区范围。

1.3.2 规划设计目标

1. 避难场所规划目标

避难场所是应急公共服务设施的一种，其规划目标需满足一般公共设施规划的目标要求，并能体现避难场所这种特殊应急设施的特点。避难场所规划决策应充分考虑公平、效率和成本最小化的目标。

（1）公平。公平是避难场所规划的首要目标。避难场所是保障灾时居民应急疏散和避难生活的场所，避难场所系统的服务范围是评价其公平性的最好体现。避难场所系统应该覆盖所有需求点（居住区、商业、办公或生产区域等），如果不能全部覆盖，势必造成覆盖范围外的受灾人员避难困难或无处避难。

（2）效率高。效率要从提高避难系统应急疏散的效率和提高场所利用率的角度考虑。避难场所到需求点的距离最小时，避难场所的可达性最高，居民在疏散途中的安全性也越高。避难场所能满足更多人口的避难需求，不仅场所本身获得充分利用，避难场所系统的投资成本也会降低。

（3）成本最小化。避难场所属于公益性设施，建设经费来源基本上依靠各级政府财政投入，必须考虑其建设和运营成本。受资金和环境因素限制，不可能将所有适合场所都改建成避难场所，只能以最小的投资为社会提供公平的服务。

公平、效率和成本最小化三个目标往往不可以兼得，应该在公平的前提下，实现成本最小化和高效率。

2. 避难场所设计目标

避难场所设计时，需要针对所需避难应对的灾害按照相关城乡规划和应急管理要求，确定相应的灾害设定抗灾设防标准，并满足避难场所使用期间可能遭遇的其他事件的防灾要求。在合理选址、安全布局的基础上，通过合理的防灾设计并采取有效的防灾措施，有效保障避难场所安全和应急功能。

1.4　规划设计内容

1.4.1　避难场所规划内容

国家标准《城镇防灾避难场所设计规范》（报批稿）规定：避难场所规划是对避难场所的种类、数量、位置和服务责任区的布局和划分。

《城市抗震防灾规划标准》（GB 50413—2007）规定：城市避震疏散规划，应确定市、区级应急救灾和疏散通道、中心避难场所、固定避难场所的规模和布局，分类制定避难场所的防灾措施、配套设施要求，分区确定避难疏散场所的规划控制技术指标和建设改造时序安排，规划安排救灾和疏散困难地区人员疏散的防治对策和应急功能保障要求，进行固定避难场所责任区划分。

按照上述标准的要求，避难场所规划的主要内容可以总结为规划技术指标要求、场所选址评价、场所布局优化和责任区划分等。

其中，规划技术指标包括：避难场所的类型、功能、规模、有效避难面积，以及对场所选址安全性、交通便利性、基础设施条件的要求；选址评价是通过构建一系列的评价指标，利用适当的评价模型对候选场址进行避难适宜性分析，评价候选场址的优劣；布局优化是通过量化避难场所规划目标，构建具有一定约束与目标函数的优化模型，从多个候选场址中选取若干个场址作为避难场所；责任区划分是对一定区域内的避难场所进行服务范围划分，主要依据避难场所的容量、可达性与行政组织关系，科学合理地将区域内的每个居民分配到指定的避难场所。

技术指标是规划避难场所的首要工作，直接指导选址评价和布局优化指标的选取，为其提供理论依据。选址评价和责任区划分能反馈布局优化的效果，促进规划结果的合理调整。布局优化结果的合理性直接影响着选址评价与责任区划分结果的合理性。

1.4.2 避难场所设计内容

国家标准《城镇防灾避难场所设计规范》（报批稿）规定：避难场所设计主要包括总体设计、避难场地设计、避难建筑设计、避难设施设计等。通过这些设计内容保证应急功能的实现，构筑布局合理、系统完整、安全卫生的避难场所。

总体设计包括责任区设计、应急功能设计、总体布局设计和应急转换设计，确定建设时序和永久应急设施建设安排，并确定分区、分期开放和关闭的时序、方式及保障对策。

避难场地设计包括避难住宿区、专业救灾队伍场地、医疗救护场地和直升机使用区的设计。其中，避难住宿区设计是避难场地设计的主要内容，避难住宿区的分级控制指标是避难住宿区设计的依据。

避难建筑设计主要包括建筑设计、结构抗震设计、建筑设备与环境设计。其中，结构抗震设计是避难建筑设计的难点。

第二章　基于理想点已知部分属性权重信息的避难场所选址评价方法

避难场所选址评价是通过构建一系列的评价指标，利用适当的评价模型对候选场址进行避难适宜性分析，淘汰不适合场所的过程。

避难场所是为受灾人员获得救助和进行避难生活的场所，在开放期间有大量避难人员，倘若避难场所选址在不适合的地点，场所本身不安全或缺乏必要的应急设施，将会造成避难人员伤亡或避难生活困难。例如，2008 年 9 月 23 日，震后的北川县普降暴雨，擂鼓镇麻柳湾村发生泥石流灾害，避难安置点的部分房屋被毁（见图 2-1）；2011 年 3 月 11 日，东日本地震引发大海啸，摧毁了宫城县三陆町的防灾救援指挥机构（见图2-2）。因此，有必要研究避难场所选址适宜性评价方法，以评估避难场所条件的优劣，辅助规划人员进行选址决策，或为场所改造完善提供依据。

图 2-1　被泥石流冲毁的北川县擂鼓镇避难安置点

图 2-2　遭受海啸破坏的日本宫城县三陆町防灾救援指挥机构

目前，在防灾规划或避难场所规划编制中，普遍缺乏针对避难场所评价的内容，除重视不足的原因外，主要还有以下难以解决的问题：因无法确定场所安全性、规模和基础设施条件的重要性，难以评价避难场所的优劣；部分评价因素之间存在矛盾，如规模较大、设施条件好的公园和绿地位于城市边缘，疏散距离超出指标要求；灾害发生后的灾害环境会发生较大变化，按传统方法规划的避难场所，在灾后难以满足应急救援和避难疏散的实际需求。

城镇避难场所规划实践中，通常对紧急避难场所只提出规划原则和技术指标要求，不进行具体场所规划安排；中心避难场所往往选择规模大、基础设施完备的长期固定避难场所。因此，固定避难场所选址评价是规划整个避难场所体系的关键，其选址合理与否直接关系到避难疏散和应急救援工作能否顺利开展。本章以城镇固定避难场所为研究对象，构建选址适宜性评价指标体系；借助 TOPSIS 方法建立基于理想点已知部分属性权重信息的选址适宜性评价模型，并给出求解方法。

2.1　相关研究简述

2.1.1　选址评价指标体系研究现状

姚清林指出选择城市地震避难场地应有安全性、可通行性、支持生活能力和容量等评判标准；苏幼坡从地质环境、自然环境和人工环境等环境安全要素，规模安全性及设施安全性等方面给出选址评价要求；杨文斌等指出城市避难场所在考虑安全性之外，还应考虑连接的道路状况；刘强等从人、技术和管理需求出发，建立了选址指标体系；周晓猛等给出距离、容量、配套设施、安全性和疏散道路等选址指标；刘海燕等考虑地震断裂带、人口密度、场所容量以及医院和消防站等选址影响因素；初建宇等提出选址应考虑地震灾害、地质灾害、地形状况、与危险源的距离、场所规模、连接的避难道路、与医疗机构和消防站的距离、供水以及供电等因素，建立评价指标体系并给出了评价标准。

以上研究成果中，场所的安全性被所有文献纳入评价指标之中。场所规模大不仅能提供更大的生活空间和良好的卫生防疫条件，也便于避难人员疏散和场所的管理，场所规模也被多数文献纳入评价指标。良好的交通条件、靠近消防站和医疗机构、具备供水和供电设施等均有助于提升避难场所应急保障能力，也被逐渐纳入到评价指标中。但应对地震、风灾等不同灾种的避难场所，其选址评价指标不可能完全相同。而且，固定避难场所、紧急避难场所等承担不同应急功能，对规模和设施的要求也不一样。

2.1.2　选址评价模型研究现状

现有选址评价模型主要是基于指标权重不同的确定方法，建立不同的评价模型。Tai、Xu 和 Mayunga 等从用户角度出发，通过调查区域内居民对避难场所规划的需求和使用满足度来获得评价指标的重要性；张文侯、辜智彦、黄典剑和王霞等采用层次分析法对建立的评价指标赋予权重，进行避难场所选址评价；包升平、叶明武、戴晴为更客观地确定各评价指标的权重，采用了熵值法来确定指标权重；吴宗之等提出避难所应急适应能力评价指标存在模糊性和随机性，精确地对其进行定量描述比较困难，提出一个大概的描述范围更加符合实际，采用了模糊集值统计理论赋权。

现有的选址适宜性评价模型主要是基于指标权重不同的确定方法，建立不同的评价模型。其中，采用层次分析法的评价结果由专家根据经验判断得出，过于主观；采用熵值法赋权避免了人为因素带来的偏差，但因忽略了指标本身的重要程度，确定的指标权重有时会与预期相差较远；利用模糊集值统计理论赋权考虑了应急适应能力评价指标存在的模糊性和随机性，但其求解过程复杂；通过调查区域居民对场所需求和使用满意度来获得指标权重，缺少专业的评判，且工作量大。

2.2 选址评价指标

选址评价指标是避难场所适宜性评价的前提，评价指标选取的合理性直接反映评价模型的科学性。

2.2.1 选取评价指标的原则

1. 科学性

科学性是对评价指标体系的基本要求，科学性就是要提高评价指标的可靠性和有效性。评价指标可靠、有实际作用，才能构成评价标准的基础，否则就失去了意义。

2. 综合性

综合性要求要全面考虑评价指标。固定避难场所应具备应急管理、医疗急救、物资分配、公共服务和住宿等功能，为了保证固定避难场所灾后发挥其设定的功能，必须充分考虑避难场所的灾害风险影响、区位规模以及应急保障基础设施等多方面因素。

3. 代表性

选择所有影响因素作为评价指标，既不现实，也没必要。只能选择少数具有代表性的指标，这样才能抓住防灾避难中最重要、最本质的因素，以便能全面地反映场地是否适合作为避难场所的客观情况，并便于使用和统计。

4. 层次性

固定避难场所选址适宜性评价涉及土木工程、管理科学与工程、城乡规划、社会学等多个学科领域，有多个评价指标，要求评价指标体系层次分明，准确地反映适宜性状况。

2.2.2　选址适宜性评价指标体系

1. 灾害风险

避难的主要目的是确保避难人员安全，如果避难场所本身存在较大的安全隐患就失去了其实用价值，同时也不能实现避难。安全是规划避难场所的核心问题。灾害风险主要包括以下影响因素。

（1）地震、地质灾害影响。地震、滑坡、崩塌、泥石流、土壤液化、地面塌陷等是避难场所主要的地质灾害。例如，1999 年我国台湾集集地震中，部分规划的避难建筑因地震破坏而无法发挥其应有的功能（见图 2-3）。因此，要避免避难场所受到地震、地质灾害的影响而失效。

图 2-3　我国台湾集集地震中倒塌的建筑

（2）地形状况。如果灾后避难场所被洪水淹没或受到海啸袭击，不但丧失避难功能，而且还可能造成避难人员的伤亡。例如，2011 年东日本地震引发的大海啸，淹没了本来规划为避难场所的市民体育馆（见图 2-4），使其失去了应急避难功能。

图 2-4　日本地震引发海啸淹没了市民体育馆避难场所

（3）与危险源的距离。有毒气体、易燃易爆物或核放射物、高压输电线路等设施如果临近避难场所，将影响避难场所的安全性。

2. 区位规模

（1）场所区位。避难场所供大量人员避难，需要考虑可服务范围内的人口数量，也就是区位因素。避难场所临近避难人员聚集区域，灾后的避难疏散更便捷。如果在避难场所责任区内的避难人数远低于其容量（如规划郊野公园作为避难场所），避难场所的效用将难以发挥。

（2）有效避难面积。避难场所的规模是安全评价与安全控制的重要内容，有效避难面积是衡量避难场所规模最关键的指标。有效避难面积的大小决定避难场所的类型和功能，适宜的有效面积不仅能为避难人员提供更大的生活空间和良好的卫生防疫条件，也便于应急疏散和避难场所管理，特别是发生次生灾害紧急撤离时，会保障疏散人员的安全。

3. 应急保障基础设施

应急保障基础设施是灾害发生前，避难场所配置的保障应急救援和抢险避难的设施。

（1）与应急道路连接。应急道路是保障灾后应急救灾活动的交通工程设施。城镇防灾规划中，中长期固定避难场所通常与疏散次通道、疏散主通道或救灾干道连接。

（2）与医疗机构的距离。固定避难场所在灾时需要具备医疗救助的功能，与医疗机构靠近能依托医疗机构发挥医疗救助功能。

（3）与消防站的距离。主灾后的次生火灾是对避难场所威胁最大的次生灾害，需要谨记 1923 年日本关东大地震后，数万人在避难场地被地震次生火灾烧死（见图 2–5）的惨痛教训。提升避难场所的消防能力，不仅需要场所配置消防设施，而且需要靠近消防站。

图 2-5　日本关东大地震后在被服厂被烧死的避难人员

（4）与物资储备库的距离。救灾物资储备库储存着灾后急需的食品、帐篷、被服、药品和医疗设备、发电设备等。救灾物资储备库可以设置在城镇灾害物资储备仓库，或者在大型商场的仓库中。

固定避难场所选址适宜性评价指标体系见表 2-1。

表 2-1　固定避难场所选址适宜性评价指标体系

目　标	一级指标	二级指标
固定避难场所适宜性	灾害风险	地震地质灾害
		地形状况
		与危险源的距离
	区位规模	场所区位
		有效避难面积
	应急保障基础设施	与应急道路连接
		与医疗机构的距离
		与消防站的距离
		与物资储备库的距离

2.2.3　选址评价标准

1. 避开地震断裂带和地质灾害易发区

避难场所选址需要避开可能发生滑坡、崩塌、地陷、地裂、泥石流及发震断裂带上可能发生地表位错的部位等危险用地。避难建筑应避开发震断裂主断裂可能发生地表断错不小于500m。

2. 场址高于淹水水位

避难场所选址应避开行洪区、指定的分洪口附近、洪水期间进洪或退洪主流区及山洪威胁区。为了避免避难场所被洪水（河流决堤、水库决坝）或海啸淹没，避难场所应高于评估淹水水位1m以上。

3. 远离危险源

避难场所距次生灾害危险源的距离应满足国家现行重大危险源和防火的有关标准要求。与周围易燃建筑等一般地震次生火灾源之间，应设置不少于30m的防火安全带，距易燃易爆工厂仓库、供气厂、储气站等重大次生火灾或爆炸危险源距离应不小于1000m。

4. 具备适宜的规模

计算避难场所规模时，应扣除场地内水域、低矮灌木、树木行间距小于3m或枝下净空小于2.2m的占地面积，还应该扣除非避难建筑、文物古迹保护用地和大于15°的坡地占地面积。

5. 有良好的区位条件

采用避难场所有效避难面积与其服务范围内人口数的比值（服务人口人均有效避难面积）作为评价场所区位条件的指标。已修订完成的《城市抗震防灾规划标准》规定：长期固定避难场所人均有效避难面积为4.5m^2。依据这个指标，本书提出固定避难场所服务范围内总人口的人均有效避难面积小于上述标准的2倍，即9m^2。

6. 应急道路的数量和宽度要求

应急道路宽度标准应考虑两侧建筑物受灾倒塌后，路面部分受阻，局部仍可保证救援车辆通行的要求。

7. 靠近应急保障基础设施

与医疗机构和物资储备库的距离考虑灾时以步行为主，兼有部分机动车运输，步行行程在1h左右，距离在3000m以内。

固定避难场所也要在消防站的覆盖范围内，与标准型普通消防站（《城市消防站建设标准》（建标152—2011）规定责任区面积是7km^2）的路网距离不大于2000m。

固定避难场所选址适宜性评价标准见表2-2。

表2-2　固定避难场所选址适宜性评价标准

评价指标	评价标准
避开地震断裂带和地质灾害易发区	避开地震断裂带（与发震断裂可能发生地表断错的距离不小于500m）、土壤液化、地面塌陷、滑坡、泥石流等地段
场址高于淹水水位	避难场所应避开行洪区、指定的分洪口附近、洪水期间进洪或退洪主流区及山洪威胁区，高于淹水水位1m以上
远离危险源	与地震次生火灾源之间应有30m的防火安全带，距易燃易爆工厂仓库、供气厂、储气站等重大次生火灾或爆炸危险源距离不小于1000m
具备适宜的规模	长期固定避难场所有效避难面积不小于1hm^2
有良好的区位条件	避难场所责任区总人口的人均有效避难面积宜小于9m^2，且越小越好
连接应急道路的数量和宽度符合要求	与2条以上疏散次通道或疏散主通道相连，通道的有效宽度不小于7m
靠近医疗机构	与二级以上医院的距离小于3000m，且越近越好
靠近消防站	与消防站的距离小于2000m，且越近越好
靠近物资储备库	与物资储备库的距离小于3000m，且越近越好

2.3　选址评价模型的理论基础

构建完成避难场所选址适宜性评价指标体系后，需选择适当的评价模型对各场所进行评价。目前，国内外提出的综合评价方法已有几十种，总体上可分为主观赋权评价法和客观赋权评价法两大类。TOPSIS 方法是近年发展起来的一种有限方案多目标决策分析的客观赋权评价法，被广泛应用于投资评价、绩效评价、风险评价等领域，已有在物资储备库和消防站选址应用的文献报道。

2.3.1　TOPSIS 方法基本原理

TOPSIS（Technique for Order Preference by Similarity to an Ideal Solution）方法是 Hwang 等于 1981 年首次提出，Lai 等于 1994 年将 TOPSIS 首先应用在规划层面的多目标决策问题。TOPSIS 方法的基本原理是借助多属性问题的理想解和负理想解，对方案集中的各方案进行排序。其中，理想解是每个属性值都是决策矩阵中该属性最好值的虚拟最佳方案，负理想解是虚拟最差方案。将方案集中的各备选方案与理想解和负理想解的欧氏距离进行比较，将靠近理想解又远离负理想解的方案选择为方案集中的最佳方案，并据此排定备选方案的优先顺序。利用理想解和负理想解求解多属性决策问题的概念简单，只要在属性空间定义适当的距离测度就能计算备选方案与正负理想解的距离。

设 $A=\{A_1, A_2, \cdots, A_n\}$ 为方案集，$G=\{G_1, G_2, \cdots, G_m\}$ 为属性集，记 $N=\{1, 2, \cdots, n\}$，$M=\{1, 2, \cdots, m\}$，第 i 个方案的 m 个属性构成的向量为 $\boldsymbol{X}_i=\{x_{i1}, x_{i2}, \cdots, x_{im}\}$。

步骤 1：构造规范化决策矩阵 $\boldsymbol{R}$。

$$\boldsymbol{R}=[r_{ij}],\ r_{ij}=x_{ij}/\sqrt{\sum_{i=1}^{n} x_{ij}^2} \tag{2-1}$$

步骤 2：构造加权规范化矩阵 $\boldsymbol{V}=[v_{ij}]$。

$$\boldsymbol{V}=\boldsymbol{R}\cdot\boldsymbol{W}=\begin{bmatrix} w_1r_{11} & w_2r_{12} & \cdots & w_mr_{1m} \\ w_1r_{12} & w_2r_{22} & \cdots & w_mr_{2m} \\ \vdots & \vdots & & \vdots \\ w_1r_{1n} & w_2r_{2n} & \cdots & w_mr_{nm} \end{bmatrix} \tag{2-2}$$

$$W=\begin{bmatrix} w_1 & & & \\ & w_2 & & \\ & & \ddots & \\ & & & w_m \end{bmatrix} \tag{2-3}$$

w_j 为第 j 个属性的权重值。

步骤 3：确定理想方案和负理想方案。

当属性值为效益型值时，理想方案为每列中的 max 值，负理想方案为每列中的 min 值；当属性值为损失型时，理想方案为每列中的 min 值，负理想方案为每列中的 max 值。具体表示如下：

$$\begin{aligned} A^{*} &= \lfloor(\max_{i} v_{ij} \mid j\in J),\ (\min_{i} v_{ij} \mid j\in J')\rfloor \quad i=1,2,\cdots,n \\ &= [v_1^{*},\ v_2^{*},\ \cdots,\ v_m^{*}] \end{aligned} \tag{2-4}$$

$$\begin{aligned} A^{-} &= \lfloor(\min_{i} v_{ij} \mid j\in J),\ (\max_{i} v_{ij} \mid j\in J')\rfloor \quad i=1,2,\cdots,n \\ &= [v_1^{-},\ v_2^{-},\ \cdots,\ v_m^{-}] \end{aligned} \tag{2-5}$$

其中：$J=(j=1,2,\cdots,m \mid j$ 为效益型的目标属性$)$

$J'=(j=1,2,\cdots,m \mid j$ 为损失型的目标属性$)$

步骤 4：计算距离。

计算的距离包括与理想方案的距离 S_i^{*} 以及与负理想方案的距离 S_i^{-}，其中：

$$S_i^{*}=\sqrt{\sum_{j=1}^{m}(v_{ij}-v_j^{*})^2} \tag{2-6}$$

$$S_i^- = \sqrt{\sum_{j=1}^{m} (v_{ij} - v_j^-)^2} \tag{2-7}$$

步骤5：计算相近接近度。

求出了理想方案的距离以及与负理想方案的距离后，就可以计算相近接近度 C_i 了。

$$C_i = S_i^- / S_i^- + S_i^* \qquad i=1,\ 2,\ \cdots,\ n \tag{2-8}$$

$$\begin{cases} C_i = 0,\ A_i = A_i^-,\ S_i^- = 0 \\ C_i = 1,\ A_i = A_i^*,\ S_i^* = 0 \end{cases} \tag{2-9}$$

步骤6：根据 C_i 的大小对各方案进行排序。

2.3.2 不确定型决策准则

决策论中根据决策环境的不同，将决策分为确定型决策、风险型决策和不确定型决策。其中，不确定型决策是指决策者对将要发生的结果的概率一无所知，只能凭决策者的主观倾向来决策，它是实践中普遍存在且较复杂的一类决策。目前，求解不确定型决策问题的方法随决策者所依据的决策标准不同而不同，常见的有乐观准则、悲观准则、折中主义准则和后悔值准则，它们的计算结果往往有很大的差异。

乐观准则又称大中取大法，其步骤是：首先求出每个策略在各种自然状态下的最大效益值，再从这些最大效益值中找出最大者作为选取的策略。采用乐观准则的决策者具有乐观情绪和冒险精神，但其过于冒险使决策风险加大，如果未来状态与决策者的乐观预期完全相反，其损失往往也较大。

悲观准则又称小中取大法，是比较保守的决策方法，其步骤是：首先求出每个策略在各种自然状态下的最小效益值，再从这些最小效益值中找出最大者作为选取的策略。采用悲观准则的决策者为偏于保守、悲观的小心谨慎者，往往失去获得更大收益的机会。

折中主义准则是综合乐观准则和悲观准则的结果进行决策。其步骤是：先引入乐观系数，根据各方案的最大效益值和最小效益值，由乐观系数计算出一个折中的效益值，然后比较各方案的折中效益值，再从中选择最大者。该决策方法的特点是既不乐观冒险，也不悲观保守，而是从中折中平衡。

最小后悔值准则又称机会损失法，其步骤是：把每一个自然状态对应的最大效益作为理想目标，该值与该状态的其他效益值之差作为未达到理想的后悔值，将各个策略的最大潜在后悔值列出，再选出后悔值最小的方案作为最佳决策方案。该方法可使决策者的后悔感最小。

对于不确定型的决策问题，采用不同的决策方法做出的决策往往是不同的，它们之间没有统一的客观标准，很难说哪个方法好，哪个方法不好。采用什么样的决策方法要根据具体情况而定，主要依赖决策者的偏好与经验。

2.4 基于理想点已知部分属性权重信息的选址适宜性评价模型

固定避难场所适宜性评价是规划避难场所系统的关键，这里借鉴了TOPSIS方法的思想，结合专家给出的部分权重信息，遵循悲观准则确定各评价指标的具体权重，从而建立基于理想点已知部分属性权重信息的选址适宜性评价模型。

2.4.1 建模思路

对于避难场所选址适宜性评价中各评价指标权重的确定，如果采用过于冒险的乐观准则决策，可能规划安全性较差或防灾设施不足但规模较大的场所作为避难场所，一旦发生灾害这些适宜性较差的场所将难以发挥应有的应急避难功能，还有可能造成避难人员生活困难甚至人员伤亡。而采用悲观准则可降低决策风险，比较适合避难场所等重要应急设施的选址决策。

遵循悲观准则求取各评价指标权重，就是当各方案都接近负理想方案或都远离正理想方案时，求各属性的权重值。求得权重后，再以远离负理想方案的方案为最优。为了简化计算过程，这里把负理想方案 A^-定义为（0，0，…，0），理想方案定义为（1，1，…，1），相近接近度 C_i 的计算可简化为各方案与负理想点（负理想方案）$A^- = (0, 0, \cdots, 0)$ 的加权偏差之和，第 i 个方案与负理想点距离表示为 $d_j^- = \sum_{j=1}^{m} |r_{ij} - 0| w_j = \sum_{j=1}^{m} r_{ij} w_j$。

避难场所实际选址评价中，适宜性评价指标的属性权重往往存在一定的模糊性和随机性，难以给出明确的属性权重信息，如只能给出某一属性权重的区间。针对只有部分属性权重信息的多属性决策问题，本书采用如下方法解决：设属性的权重向量为 $\boldsymbol{w} = (w_1, w_2, \cdots, w_m)^T$，$H$ 为已知部分权重信息确定的属性可能权重集合，分为6种情况：①$w_{i1} \geq w_{i2}$；②$w_{i1} - w_{i2} \geq \alpha_{i1}$；③$w_{i1} \geq \beta_{i1} w_{i2}$；④$\gamma_{i1} \leq w_{i1} \leq \gamma_{i1} + \varepsilon_{i1}$；⑤$\theta_{i1} w_{i1} \leq (\theta_{i1} + \varepsilon_{i1}) w_{i2}$；⑥$w_{i1} - w_{i2} \geq w_{i3} - w_{i4}$。

2.4.2　模型参数

$A = \{A_1, A_2, \cdots, A_n\}$ 为候选避难场所的集合（方案集），其中 $N = \{1, 2, \cdots, n\}$；

$G = \{G_1, G_2, \cdots, G_m\}$ 为选址适宜性评价指标的集合（属性集），其中 $M = \{1, 2, \cdots, m\}$；

x_{ij} 为避难场所 A_i 在评价指标 G_j 下对应的属性值；

$\boldsymbol{X} = (x_{ij})_{n \times m}$ 为决策矩阵；

r_{ij} 为 x_{ij} 规范化处理后的值；

$\boldsymbol{R} = (r_{ij})_{n \times m}$ 为规范化决策矩阵；

$\boldsymbol{w} = (w_1, w_2, \cdots, w_m)^T$为属性的权重向量；

H 为已知部分权重信息确定的属性可能权重集合。

2.4.3 决策矩阵及规范化处理

本书提出的固定避难场所选址适宜性评价指标中有定量指标也有定性指标。定量指标主要涉及效益型、成本型与区间型。设决策矩阵 $\boldsymbol{X}$ 经过规范化处理后得到规范矩阵 $\boldsymbol{R}=(r_{ij})$，在测得定量指标数据后可用下列公式进行规范化处理：

对于效益型属性 j，令

$$r_{ij}=\frac{x_{ij}-x_j^{\min}}{x_j^{\max}-x_j^{\min}} \tag{2-10}$$

对于成本型属性 j，令

$$r_{ij}=\frac{x_j^{\max}-x_{ij}}{x_j^{\max}-x_j^{\min}} \tag{2-11}$$

对于区间型属性 j，由于这里主要所涉及区间为 $[x_j^0,\ +\infty)$，可令

$$r_{ij}=\begin{cases}1-\dfrac{x_j^0-x_{ij}}{x_j^0-x_j^{\min}}, & x_{ij}<x_j^0\\ 1, & x_{ij}\geqslant x_j^0\end{cases} \tag{2-12}$$

对于定性评价指标，由专家组依据模糊语言给出评价结果，再利用三角模糊数给予量化。然后，求取平均三角模糊数，并以此求得三角模糊数的期望值作为某一方案关于某一指标的评价结果。过程如下：

设专家组共有 k 个专家，某一专家关于第 i 个避难场所的第 j 个指标的评价为 $x=I_{ij}=(\alpha_{ij},\ \beta_{ij},\ \gamma_{ij})$，则该避难场所这个指标的平均三角模糊数为 $(X_{ij1},\ X_{ij2},\ X_{ij3})$，利用式（2-13）来求得，三角模糊数的期望值 I_{ij} 利用式（2-14）来求得，再对 I_{ij} 进行规范化处理。

$$X_{ij1}=\frac{1}{k}\sum_{a=1}^{k}\alpha_{ij}^a,\ X_{ij2}=\frac{1}{k}\sum_{a=1}^{k}\beta_{ij}^a,\ X_{ij3}=\frac{1}{k}\sum_{a=1}^{k}\gamma_{ij}^a \tag{2-13}$$

$$I_{ij}=(X_{ij1}+2X_{ij2}+X_{ij3})/4 \tag{2-14}$$

2.4.4 建立选址适宜性评价模型

避难场所 A_i 与负理想点（负理想避难场所）$A^- = (0, 0, \cdots, 0)$ 的加权偏差之和为：$d_j^-(w) = \sum_{j=1}^{m} |r_{ij} - 0| w_j = \sum_{j=1}^{m} r_{ij} w_j$。因为各避难场所的评价是公平的，不存在偏好，因此，将各避难场所与负理想点的加权偏差再等权集结的单目标最优化模型为

$$\min d^-(w) = \sum_{i=1}^{n} \sum_{j=1}^{m} r_{ij} w_j \tag{2-15}$$

$$\text{s.t.} \quad w \in H, \ \sum_{j=1}^{m} w_j = 1 \tag{2-16}$$

式（2-15）为目标函数，表示各避难场所与负理想点的加权偏差之和，遵循悲观准则，其应取最小；式（2-16）为约束条件，前半部分表示各属性权重应属于已知部分权重信息确定的属性可能权重集合，后半部分表示各属性权重之和等于 1。

上述模型是以各方案与负理想点的加权偏差再等权集结的偏差最小为目标，也可以以各方案与正理想点的加权偏差再等权集结的偏差最大为目标。

2.4.5 模型求解

本书提出在求取权重时遵循悲观准则，即取该权重使每个方案都比较接近负理想点，再以远离负理想点的方案为最优的模型求解方法。具体求解步骤如下。

步骤 1：以各避难场所与负理想点的加权偏差之和最小求各评价指标权重。该模型为线性规划问题，可以采用单纯形法求解，这里使用 LINGO 软件编程求解。这样就得到了各属性的权重值。

步骤 2：计算各方案与负理想点的加权偏差。将求得的权重值代入

$d_j^-(w)=\sum_{j=1}^{m}|r_{ij}-0|w_j=\sum_{j=1}^{m}r_{ij}w_j$，得到各方案与负理想点的加权偏差值 $d_j^-(w)$。

步骤3：对方案集排序。根据 $d_j^-(w)$ 值由大到小的顺序对方案集排序，$d_j^-(w)$ 值最大所对应的方案为最优。

遵循悲观准则求取权重降低了决策风险，但对于候选避难场所评价值均较好的指标，所计算出的权重可能相对较低。

2.5 算例

以某县级市河东片区长期固定避难场所选址适宜性评价为研究对象，利用本书提出的选址适宜性评价方法，计算避难场所的适宜性。

2.5.1 候选场所筛选

调查河东片区公园、绿地、学校、广场、体育场馆、政府机关和空地等可利用避难资源，依据避难场所规划技术指标，以及可利用场所的性质、容量和设施情况，初步筛选出符合技术指标要求的河东片区候选长期固定避难场所，见表2-3。

表2-3　河东片区候选长期固定避难场所数据表

序号	场所名称	面积（hm^2）	有效避难面积（hm^2）
1	黄台山公园	51.10	10.22
2	人民广场、市政广场及连片绿地	54.28	15.25
3	生态公园	16.40	3.28
4	纬十街与经四路交叉绿地、停车场	4.34	1.45
5	奥体中心操场、体育馆及绿地	10.80	4.32
6	燕山南路西侧绿地	4.93	1.10

续表

序号	场所名称	面积（hm^2）	有效避难面积（hm^2）
7	燕鑫公益园和人民医院	23. 02	6. 50
8	市标广场	3. 10	1. 74
9	河东儿童公园	15. 70	4. 71
10	大坝北带状公园经四路至平青大路段	9. 07	2. 72
11	古韵公园	21. 17	6. 35
12	地志公园	3. 76	2. 24

2.5.2　评价数据测量

按照本章提出的选址适宜性评价指标和评价标准，测量候选固定避难场所相关数据。整理后的河东片区候选长期固定避难场所评价原始数据，见表 2–4。

表 2–4　河东片区候选长期固定避难场所评价原始数据表

评价指标	候选固定避难场所序号											
	1	2	3	4	5	6	7	8	9	10	11	12
场所平均高程（m）	50. 30	49. 20	49. 80	44. 90	46. 80	46. 30	45. 90	45. 40	46. 70	44. 30	44. 70	46. 50
与最近危险源的距离（m）	744	1085	235	320	2000	280	100	110	1600	510	1950	160
有效避难面积（hm^2）	10. 22	15. 25	3. 28	1. 45	4. 32	1. 10	6. 50	1. 74	4. 71	2. 72	6. 35	2. 24
场所区位（m^2/人）	0. 77	0. 27	0. 33	3. 67	0. 36	1. 74	0. 75	2. 24	0. 4	4. 71	0. 84	0. 18
连通避难疏散道路数量（条）	3	4	3	2	3	2	2	2	3	2	2	2
与医疗机构的距离（m）	2000	1600	2400	4600	3200	520	30	430	3100	3280	4150	1810

续表

评价指标	候选固定避难场所序号											
	1	2	3	4	5	6	7	8	9	10	11	12
与消防站的距离（m）	600	860	1700	4100	250	3340	210	2460	500	3270	900	1400
与物资储备库的距离（m）	350	1050	1300	3190	500	3200	200	2150	200	2900	550	820

2.5.3 适宜性评价计算

综合专家意见得知评价指标的权重信息，见表2-5。

表2-5 专家评价指标权重信息表

指标序号	评价指标	专家评价指标权重
1	场所平均高程（w_1）	$0.2 \leqslant w_1 \leqslant 0.3$
2	与最近危险源的距离（w_2）	$w_2 \geqslant 0.2$
3	有效避难面积（w_3）	$0.1 \leqslant w_3 \leqslant 0.2$
4	场所区位（w_4）	$0.1 \leqslant w_4 \leqslant 0.2$
5	连通避难疏散道路数量（w_5）	$0.1 \leqslant w_5 \leqslant 0.2$
6	与医疗机构的距离（w_6）	$0.05 \leqslant w_6 \leqslant 0.1$
7	与消防站的距离（w_7）	$0.05 \leqslant w_7 \leqslant 0.1$
8	与物资储备库的距离（w_8）	$0.05 \leqslant w_8 \leqslant 0.1$

首先，按照式（2-10）~式（2-14）建立决策矩阵并进行规范化处理，再根据本章模型式（2-15）和式（2-16）求得属性权重向量 $\boldsymbol{w} = (0.2, 0.2, 0.15, 0.1, 0.2, 0.05, 0.05, 0.05)^{\mathrm{T}}$。

利用LINGO软件编程计算12个可利用固定避难场所的加权偏差值分别为：$d_1^-(w) = 0.6724$，$d_2^-(w) = 0.8253$，$d_3^-(w) = 0.5039$，$d_4^-(w) = 0.07$，$d_5^-(w) = 0.6233$，$d_6^-(w) = 0.2056$，$d_7^-(w) = 0.348$，$d_8^-(w) = 0.1832$，$d_9^-(w) =$

0.584, $d_{10}^{-}(w) = 0.0904$, $d_{11}^{-}(w) = 0.4394$, $d_{12}^{-}(w) = 0.2966$。程序源代码见本章附录。

河东片区候选长期固定避难场所适宜性评价的从优到劣的排序为2>1>5>9>3>11>7>12>6>8>10>4。可以将评价最优的场所2规划为中心避难场所。

2.6　本章小结

本章以城镇避难场所体系中最关键的固定避难场所为选址适宜性评价研究对象，分析了避难场所选址适宜性影响因素，建立了包括灾害风险、区位规模和应急保障基础设施三个一级指标，以及地震地质灾害影响、地形状况、与危险源的距离、有效避难面积、场所区位、连通的应急道路、与医疗机构的距离、与消防站的距离和与应急物资储备库的距离九个二级指标的选址适宜性评价指标体系，并给出了评价标准。

借助TOPSIS方法中理想点的概念，建立了基于理想点已知部分属性权重信息的选址适宜性评价模型。模型以各方案与负理想点的加权偏差再等权集结的偏差最小为目标，以各评价指标权重之和等于1，属性权重的部分信息为约束条件。遵循悲观准则求取权重，按各方案与负理想点加权偏差值的大小对方案排序。

2.7　本章附录

```
model:
sets:
Attributes/1..8/: w, lower, upper;
shelter/1..12/: s;
link (Attributes, shelter): z;
```

```
endsets
data:
z=1.0  0.8166667  0.9166667  0.1  0.4166667  0.3333333  0.2666667  0.1833333
0.4  0.0  0.0666667  0.3666667  0.338947368  0.5184211  0.0710526  0.1157895
1  0.0947368  0  0.0052632  0.7894737  0.2157895  0.9736842  0.0315789
0.644522968  1  0.1540636  0.024735  0.2275618  0  0.3816254  0.0452297
0.2551237  0.1144876  0.3710247  0.0805654  0.869757174  0.9801325  0.9668874
0.2295806  0.9602649  0.6556291  0.8741722  0.5452539  0.9514349  0
0.8543046  1  0.5  1  0.5  0  0.5  0  0  0  0.5  0  0  0  0.56892779
0.6564551  0.4814004  0  0.3063457  0.892779  1  0.9124726  0.3282276
0.2888403  0.0984683  0.6105033  0.899742931  0.8329049  0.6169666  0
0.9897172  0.1953728  1  0.4215938  0.9254499  0.2133676  0.8226221
0.6940874  0.95  0.7166667  0.6333333  0.0033333  0.9  0  1  0.35  1  0.1
0.8833333  0.7933333;
lower=0.2, 0.2, 0.1, 0.1, 0.1, 0.05, 0.05, 0.05;
upper=0.3, 1, 0.2, 0.2, 0.2, 0.1, 0.1, 0.1;
end  data
min=w (1) @sum (link (i, j) | i #eq# 1: z) +w (2) @sum (link (i, j) | i
#eq# 2: z) +w (3) @sum (link (i, j) | i #eq# 3: z) +w (4) @sum (link
(i, j) | i #eq# 4: z) +w (5) @sum (link (i, j) | i #eq# 5: z) +w (6) @
sum (link (i, j) | i #eq# 6: z) +w (7) @sum (link (i, j) | i #eq# 7: z)
+w (8) @sum (link (i, j) | i #eq# 8: z);
@sum (Attributes: w) = 1;
@for (Attributes (i): w (i) >=lower (i););
@for (Attributes (i): w (i) <=upper (i););
@for (shelter (i): s (i) =z (1, i)*w (1) +z (2, i)*w (2) +z (3, i)*w (3) +
z (4, i)*w (4) +z (5, i)*w (5) +z (6, i)*w (6) +z (7, i)*w (7) +z (8,
i)*w (8););
end
```

第三章 基于改进集合覆盖模型与 P-中值模型的避难场所布局优化与责任区划分方法

避难场所布局优化是给定一个地区内避难场所可能分布的地点，在考虑居民需求和其他约束条件下确定避难场所的最优布局。避难场所责任区是其负责提供应急避难住宿和配套应急功能的避难人员分布范围。避难场所布局和责任区划分是应急管理中非常重要的环节，它直接影响到灾后应急救援的效果，因此，国内外避难场所规划均要求划定避难场所的位置、界线和责任区范围。在布局和责任区划分时，如何平衡好社会效益和经济成本之间的关系，实现防灾减灾资源的有效配置，一直是政府、研究人员和社会关注的焦点。

在第二章中，已经对候选固定避难场所进行了适宜性评价和优劣排序，从中选择了中心避难场所。其他符合固定避难场所选址条件、适宜性评价较好的场所如果全部规划为固定避难场所，可能造成场所总容量远大于避难需求的浪费现象。而且，不进行避难场所服务责任区划分，势必造成相互靠近的场所服务责任区重叠，导致有的场所避难人数远少于容量而有的场所人满为患等问题。因此，在进行避难场所规划时，需要进一步对适宜性较好的避难场所进行布局优化，并划定其责任区范围。

本章以城镇避难场所系统中，最关键的固定避难场所布局优化和责任区划分为研究对象；通过改进集合覆盖模型与 P-中值模型，以覆盖所有需求区的场所数量最少和需求区到选定场所疏散距离之和最小为目标，考虑现行标准和实际规划的约束条件；利用 LINGO 软件编程，分步求取避难场所的数量、位置和场所责任区范围；以某县级市固定避难场所优化为例，对本章方法进行验证。

3.1 相关研究评述

3.1.1 布局优化模型

布局优化是通过量化避难场所规划目标，构建具有一定约束与目标函数的优化模型，从多个候选场址中选取若干个场址作为避难场所。现有的文献将模型分为三类：单目标模型、多目标模型和多层级模型。

避难场所布局优化模型的研究是从单目标模型开始的。Toregas 等给出如何在给定地点中选取最少地点建立设施的模型，实现在规定的时间内为所有需求点提供应急服务；Hogan 等修改了最大覆盖模型，提出两个备用覆盖模型，实现应急设施对需求点的两次覆盖最大化；Adenso 等构建了最大覆盖选址模型，考虑在现有资源约束下建立应急服务设施，使最多人口被覆盖；国内魏强等基于集合覆盖模型，利用候选点集算法求得区域内应急服务设施的数量及位置；周天颖等考虑避难场所的公平性，加入了第二距离限制值，修订了最大覆盖模型；钟佳欣建立了最大覆盖模型，解决了城市旧市区紧急避难场所的区位配置问题；李艳杰建立了在规定设施数量下，使应急点总满意程度最大的应急设施选址时间满意覆盖模型；李久刚等以行程距离最短为目标，考虑了避难场所容量受限的分配问题；周晓猛等提出紧急避难场所优化布局时，仅考虑距离长短是不够的，还要综合考虑容量大小、配套设施、安全性能及疏散道路等因素，利用改进的 P-中值模型选择紧急避难场所。

由于避难场所布局优化是一个复杂性问题，为综合考虑避难场所建设成本、效益、公平等实践要求，学者们构建了多目标的优化模型。Kongsomsaksakul 等考虑了交通流量的限制，建立了总疏散时间最短与每个避难者疏散时间最短的二层规划模型；Luis 等以总疏散距离最小，疏散路径风险最小和避难场所风险最小为目标，构建多目标优化模型；Joao 等以总疏散距离最短，疏散路径风险最小，通过备用路径人员疏散距离最小，避难的总风险最小和避难场所数量最少为目标建立多目标优化模型；国内陈志宗等以设置应急设施服务需求区的最大距离最小，需求区的超额覆盖最大，应急设施服务需求点的加权总距离最小为目标，提出应急救援设施选址的多目标模型；周亚飞等建立了各避难场所到需求区的最大距离最小，被覆盖需求区的加权和最大，避难场所到服务需求区的加权总距离最小的多目标优化模型；吴健宏等以总疏散距离最小，避难场所利用率最大值最小，场所总个数最小为目标，提出了多目标优化模型；丁雪枫等以应急设施服务点的总成本最小、各应急设施服务点到达需求点的最大距离最小、各应急设施服务点到需求点的总加权距离最小为目标，建立了多目标选址模型；刘少丽改进了集合覆盖模型，确定覆盖全部需求区的最少设施数，然后在已确定最少设施数目上又改进了 P-中值模型，使总出行距离最小；李栋学建立了设施数量最小、人口覆盖最大、最大运行时间最小、总运行时间最小和车辆可达性最大 5 个目标的多目标优化模型。考虑到避难场所或应急设施的功能和规模不同，Espejo、陈志芬、徐波、贺小容、陈志宗等还构建了避难场所或应急设施的层级选址模型。

布局优化模型的求解方法可分为精确算法与近似算法。单目标模型和能转换成单目标问题的多目标模型，一般采用精确算法求得最优解，如陈志芬采用分支定界法，钟佳欣、周亚飞、吴健宏等采用的是单纯性法，这些算法可以借助 LINGO 等成熟计算软件来实现；当优化模型模拟问题规模较大或 NP 问题时，难以求得最优解，通常采用近似算法进行求解，如李艳杰采用的是粒子群算法、Kongsomsaksakul 等应用的是遗传算法、丁雪枫等采用的是模拟植物生长算法等。

在上述布局优化研究成果中，应用公共设施选址经典理论建立的单目标优化模型，没能综合考虑到避难场所规划公平、效率和成本最小化的要求，没有考虑避难场所容量限制；多目标规划模型虽部分考虑了公平、效率或成本最小化等规划目标，但模型目标较多使求解难度加大。模型的约束条件也存在缺陷，如有的没有考虑最大疏散距离约束、有的没有考虑避难场所容量约束等。此外，避难场所虽然属于应急设施，但有其独特性，应急设施布局优化模型不完全适用于避难场所。

3.1.2 责任区划分方法

避难场所责任区是负责提供应急避难住宿和配套应急功能的避难人员分布范围。Saadatseresht 等提出多目标进化算法，求解避难场所人员分配问题；李久刚等提出基于插值机制的避难场所责任区划分方法；李刚等利用基于加权 Voronoi 图对避难场所责任区进行划分。

上述利用 Voronoi 图对责任区划分的方法没有解决河流和道路分割的问题，也没有考虑场所容量限制，使划分的责任区与避难实际情况脱节。

3.2 布局优化与责任区划分的基础理论

避难场所是应急公共设施的一种，因此关于一般公共设施选址的基础理论可以为避难场所规划提供重要的理论指导和参考。

公共设施选址研究始于 1909 年，当时 Alfred Weber 研究了在一个区域内选择某地点设置一个仓库，使该仓库到所有顾客的总距离最小的问题。随后几十年，学者们在不同细分领域取得了较多的成果。在 20 世纪 60 年代，Hakimi 研究了在网络上设置一个或多个设施的问题，规划目标是使顾客与最近设施的总距离最小，或者使最大距离最小。自 Hakimi 发表该成果以来，选址研究取得了很大发展，多数选址模型是静态和确定性的，即以定常、已知量作为输入，得出在一个时间点上的解，这些模型已广泛应用于公共设施选址中。以下介绍 P-中值模型、P-中心模型、集合覆盖模型和最大覆盖模型等公共设施选址经典模型，比较它们的异同，探讨其在避难场所选址中的应用可行性。

3.2.1　P-中值模型

P-中值模型（P-median problem）是一种使总距离或时间最小化的布局优化模型。由 Hakimi 在 1964 年提出，为 P 个设施点能组成一个最佳 P-中值数解集合，使所有使用者与设施的平均距离最短，该模型后来由 Toregas、ReVelle 和 Swain 转换成了整数规划，其数学模型如下。

目标函数：

$$\mathrm{Min}\ Z = \sum_{i=1}^{n} \sum_{j=1}^{n} W_{ij} D_{ij} X_{ij} \tag{3-1}$$

约束条件：

$$\text{s. t.} \quad \sum_{j=1}^{n} X_{ij} = 1 \qquad i = 1,\ 2,\ \cdots,\ n \tag{3-2}$$

$$\sum_{j=1}^{n} X_{jj} = P \tag{3-3}$$

$$0 \leqslant X_{ij} \leqslant X_{ij} \quad i = 1,\ 2,\ \cdots,\ n \quad j = 1,\ 2,\ \cdots,\ n \quad i \neq j \tag{3-4}$$

$$X_{ij} = 0 \text{ 或 } 1 \tag{3-5}$$

其中，n 为被服务区域的分区数；D_{ij} 为 i 区至 j 区的最短距离；W_{ij} 为 i 区人口数；P 为配置的设施数；X_{ij} 为二元决策变量，当 $X_{ij}=1$，表示 i 区被分派至 j 区服务；当 $X_{ij}=0$，表示为其他情况。

基本假设：

（1）P 个设施均提供同质服务，同时各分区需求者没有选择偏好，单纯以距离远近作为选择依据；

（2）各分区必须且仅有一个设施服务，每个设施服务容量假设为无限制；

（3）人的行为是理性的，会利用相同的最短路线移动到相同的设施，路况是固定的；

（4）分区规模较小且需求分布均匀，同时设施规模大小不影响需求。

避难场所规划必须考虑居民的可达性，如果距离太远，避难人员为接受服务而花费在路上的时间就会很长，避难疏散的效率是避难场所规划的目标之一。利用 P -中值模型规划避难场所是选择 P 个场所的位置，使各需求区至 P 个场所之间总的加权距离最小。

3.2.2 *P*-中心模型

P -中心模型（P -center problem）是一种寻求已设定设施数目的最近区位分派模型，主要使设施与需求区之间的最长距离最小化。数学模型如下。

目标函数：

$$\text{Min}\ [\max D_{ij} X_{ij}] \tag{3-6}$$

约束条件：

$$\text{s. t.}\ \sum_{j=1}^{n} X_{ij} = 1 \quad i = 1,\ 2,\ \cdots,\ n \tag{3-7}$$

$$\sum_{j=1}^{n} X_{jj} = P \tag{3-8}$$

$$0 \leqslant X_{ij} \leqslant X_{jj} \quad i = 1,\ 2,\ \cdots,\ n \quad j = 1,\ 2,\ \cdots,\ n \quad i \neq j \tag{3-9}$$

$$X_{ij} = 0\ 或\ 1 \tag{3-10}$$

其中，n 为被服务区域的分区数；D_{ij} 为 i 区至 j 区的最短路线距离；W_{ij} 为 i 区人口数；P 为需要配置的设施数；X_{ij} 为二元决策变数，当 $X_{ij}=1$，表示 i 区被分派至 j 区服务；当 $X_{ij}=0$，表示为其他情况。

基本假设：同 P-中值模式。

利用 P-中心模型规划避难场所，是从公平性角度考虑，为避免某些区域的避难需求得不到满足，在确定场所位置时使需求区到各个避难场所加权最大距离最小。

3.2.3 集合覆盖模型

集合覆盖模型（location set covering problem）最早由 Toregas 和 ReVelle 提出，其基本理论是基于最大服务距离的限制条件求取最少的设施数目，同时使所有需求区均在设施最大服务距离之内获得服务。其数学模型如下。

目标函数：

$$\text{Min} \sum_{j \in J} X_j \tag{3-11}$$

约束条件：

$$\text{s.t.} \sum_{j=1}^{n} X_{ij} \geqslant 1 \qquad \forall i \in I \tag{3-12}$$

$$X_j = 0 \text{ 或 } 1 \qquad \forall j \in J \tag{3-13}$$

$$N_i = \{j \in J;\ d_{ij} \leqslant S\} \qquad \forall i \in I \tag{3-14}$$

$$X_{ij} = 0 \text{ 或 } 1 \tag{3-15}$$

其中，I 为需求区集合；J 为可能设置地点集合；N_i 为能服务 i 点的设施地点集合；d_{ij} 为 i 至 j 的最短路线距离；S 为最大服务距离；P 为需要配置的设施数；X_j 为二元决策变数，当 $X_j=1$，表示分配于 j 区；当 $X_j=0$，表示为其他情况。

基本假设：

（1）所有节点距离为已知，且成本是确定的；

（2）需求仅产生于节点之上；

（3）各节点的需求仅被一个设施服务覆盖；

（4）每个结点最多设置一个设施。

在避难场所的规划中，集合覆盖模型可以确定所需避难场所的最少数目，并使所有需求区都能被覆盖，基本原则是使避难场所建设总成本最小。

3.2.4 最大覆盖模型

最大覆盖模型（maximal covering location problem）是集合覆盖模型的一个变形，最早由 Church 和 ReVelle 提出，主要是限定服务距离，同时在限定服务距离内决定 P 个设施的位置，使所覆盖范围内的需求量为最大。利用最大覆盖模型选择服务设施，可使居民在合理有效的时间内接受服务，但无法保证每一个需求区均被服务。其数学模型如下。

目标函数：

$$\text{Max} \sum_i h_i Z_i \tag{3-16}$$

约束条件：

$$\text{s.t. } Z_i \leqslant \sum_j d_{ij} X_j \qquad \forall i \in I \tag{3-17}$$

$$\sum_J X_j \leqslant P \tag{3-18}$$

$$N_i = \{j \mid d_{ij} \leqslant S\} \qquad \forall i \in I \tag{3-19}$$

$$\sum_{j \in J} X_j = 0,\ 1 \qquad \forall j \tag{3-20}$$

$$Z_i = 0,\ 1 \qquad \forall i \tag{3-21}$$

其中，h_i 为节点 i 的需求；d_{ij} 为 i 至 j 的最短路网距离；N_i 为能服务 i 点的设施地点集合；S 为最大服务距离；P 为需要配置的设施数；Z_i 为二元决策变数，当 $Z_i=1$，表示节点 i 被覆盖；当 $Z_i=0$，表示为其他情况；X_j 为二元决策变数，当 $X_j=1$，表示配置于 j 区；当 $X_j=0$，表示为其他情况。

基本假设：除需配置的设施数为已知外，其余假设与 LSCP 相同。

在避难场所的规划中，考虑到覆盖全部需求区可能使总建设成本过高，利用最大覆盖模型选择 P 个场所的位置，使 P 个场所覆盖需求区的人口或面积的总和最大。

3.2.5　经典选址模型的比较

P-中值模型是解决如何在备选设施点选择 P 个设施，使需求区和设施点的加权距离最小；P-中心模型是解决如何选择 P 个设施点，使需求区到各个避难场所加权最大距离最小；集合覆盖模型是在满足覆盖所有需求区的前提下，解决如何确定设施的最少数量；最大覆盖模型是解决选择 P 个设施的位置，使这些设施所覆盖的范围内的需求量最大。这些经典模型的目标、适用范围和优缺点比较，见表 3-1。

表 3-1　公共设施选址经典模型特点的比较

模型	目标	优点	缺点	适用范围
P-中值模型	寻找设定数量设施的最适合位置，使所有需求点到设施总距离最小	考虑了公平、效率和成本最小化	没有考虑设施规模影响和距离限制	非紧急设施选址，如工厂、仓库、学校等
P-中心模型	寻找设定数量设施的最适合位置，使设施到最远需求点的距离最小化	考虑了公平、效率，能为最远的需求点提供最快的服务	没有考虑成本最小化	有服务标准限制的紧急设施选址，如医院
集合覆盖模型	在限定需求点完全被覆盖和设施到需求点距离的条件下，寻找最少的设施数目及其位置	考虑了公平、效率	没有考虑设施规模影响以及对现有设施的利用	紧急设施选址，如消防站、医院等
最大覆盖模型	在限定设施数量和到需求点距离的条件下，寻找设施的位置，使设施覆盖范围最大化	考虑了成本最小化	对公平考虑不足，其他同集合覆盖模型	紧急设施选址，如消防站、医院等

3.3 基于改进集合覆盖模型与 P-中值模型的布局优化与责任区划分模型

3.3.1 建模思路

避难场所通过应急道路网络接入整个应急系统，其选址主要研究基于网络的确定性模型。在这些网络模型中，服务需求区和潜在避难场所位置用网络上的节点来表示，节点之间的距离以路网两点之间最短距离来计算，确定要设置的避难场所位置限定在网络的节点上。根据 3.2 节内容可知，上述公共设施选址的经典模型均属于基于网络的确定性模型，因此，关于一般公共设施选址的基础理论可以为避难场所规划提供重要的理论指导和参考。

避难场所作为应急公共服务设施，其规划决策也需要充分考虑公平、效率和成本最小化的目标。第一个目标是以最小的建设成本来建设足够数量的避难场所，使其能覆盖所有的需求区，这是政府和规划人员首要的决策目标，体现公平和成本最小化的规划目标。第二个决策目标是提高避难疏散效率，即以全部避难人口的疏散距离之和最小作为目标。

集合覆盖模型是基于最大服务距离限制来确定最少设施数目的模型，P-中值模型是一种使总距离或时间最小化的区位选择模型。本章首先利用集合覆盖模型解决在何地，最少建设几个避难场所能覆盖所有避难需求区的问题，满足公平和成本最小化的规划目标；再利用 P-中值模型划分选定场所的服务责任区，满足提高避难疏散效率的规划目标。

考虑模型约束条件时，必须与现行标准和实际规划情况相结合。这些约束条件包括：为避免相互靠近的避难场所服务责任区重叠，要求任一避难需求区的所有避难者均在且仅在一处避难场所获得避难服务；为满足标准要求就近安排避难人员到指定的避难场所避难，要求任一需求区只能在满足距离限制的避难场所中选择；为保障避难生活条件和应急管理工作顺利开展，要求任何选中场所的避难人数不能超过该场所的容量。

3.3.2　基本假设

（1）已知备选避难场所和需求区位置，并且是离散非连续的；

（2）备选避难场所到需求区的距离已知，或从避难场所到需求区所需时间已知（居住区或商业、办公区等避难需求区到避难场所的距离为两区域出入口间最短路网距离）；

（3）每个需求区的人口数量已知；

（4）任一避难需求区的所有避难者均在且仅在一处避难场所获得避难服务。

3.3.3　模型参数

$J=\{j \mid j=1, 2, \cdots, n\}$ 表示备选避难场所的集合，任意避难场所备选点都有 $j \in J$；

$I=\{i \mid i=1, 2, \cdots, m\}$ 为避难需求区集合，任意需求区 $i \in I$；

s_i 为需求区 i 的避难人口数量；

v_j 为避难场所 j 的最大避难容量；

v_p 为避难场所 p 的最大避难容量；

d_{ij}为需求区 i 到避难场所 j 的最短路网距离，$i \in I$，$j \in J$；

r 为避难疏散指标距离，如果 $d_{ij} \leqslant r$，说明避难场所 j 覆盖了需求区 i；

c_{ij} 为 0-1 矩阵，若需求区 i 去往避难场所 j 的距离小于避难疏散距离指标 r 取 1，否则取 0。

定义 J_i 是能够覆盖需求区 i 的备选避难场所的集合，I_j 是备选避难场所 j 所能覆盖的需求区的集合，即

$$J_i=\{j \in J: d_{ij} \leqslant r\}, \quad i \in I$$

$$I_j=\{i \in I: d_{ij} \leqslant r\}, \quad j \in J$$

同时定义 x_{ij}，x_{ip}，y_j，y_p 为以下二元变量：

$$x_{ij}=\begin{cases}1, & \text{需求区 } i \text{ 在避难场所 } j \text{ 处避难}\\ 0, & \text{否则}\end{cases}$$

$$x_{ip}=\begin{cases}1, & \text{需求区 } i \text{ 在避难场所 } p \text{ 处避难}\\ 0, & \text{否则}\end{cases}$$

$$y_j=\begin{cases}1, & \text{备选避难场所 } j \text{ 被选中为避难场所}\\ 0, & \text{否则}\end{cases}$$

$$y_p=\begin{cases}1, & \text{备选避难场所 } p \text{ 被选中为避难场所}\\ 0, & \text{否则}\end{cases}$$

3.3.4 建立布局优化与责任区划分模型

第一阶段数学模型表示为

$$\min z_1=\sum_{j\in J} y_j \tag{3-22}$$

$$\text{s.t.}\ \sum_{j\in J} x_{ij}=1,\quad \forall i\in I \tag{3-23}$$

$$x_{ij}\leqslant \boldsymbol{c}_{ij},\quad \forall i\in I,\quad \forall j\in J \tag{3-24}$$

$$x_{ij}\leqslant y_j,\quad \forall i\in I,\quad \forall j\in J \tag{3-25}$$

$$\sum_{i\in I}(x_{ij}\cdot s_i)\leqslant y_j\cdot v_j,\quad \forall j\in J \tag{3-26}$$

$$x_{ij}=0\ \text{或}\ 1,\quad y_j=0\ \text{或}\ 1 \tag{3-27}$$

式（3-22）为目标函数，代表避难场所数量最少（即建设总成本最小）；约束式（3-23）保证任何一需求区均获得避难服务，且仅在一处避难场所获得避难服务；约束式（3-24）保证任何一需求区只能在满足距离限制的避难场所中选择；约束式（3-25）保证任何需求区只能在选中的避难场所获得服务；约束式（3-26）确保任何选中的避难场所接受的避难人数不能超过该场所的容量；约束式（3-27）为分配变量和选址变量的限制条件。

假设在第一阶段的模型求解可得避难场所的集合为 $P=\{p\mid p=1,$

2，…，$k\}$，$k\leqslant n$。由此，第二阶段的数学模型可以表示为

$$\min z_2=\sum_{i\in I}\sum_{p\in P}(x_{ip}\cdot d_{ip}) \tag{3-28}$$

$$\text{s.t.}\ \sum_{p\in P}x_{ip}=1,\ \forall i\in I \tag{3-29}$$

$$x_{ip}\leqslant c_{ip},\ \forall i\in I,\ \forall p\in P \tag{3-30}$$

$$x_{ip}\leqslant y_p,\ \forall i\in I,\ \forall p\in P \tag{3-31}$$

$$\sum_{i\in I}(x_{ip}\cdot s_i)\leqslant y_p\cdot v_p,\ \forall p\in P \tag{3-32}$$

$$x_{ip}=0\ 或\ 1,\ y_p=0\ 或\ 1 \tag{3-33}$$

式（3-28）为目标函数，即从需求区到避难场所的路网距离之和最小；约束式（3-29）~式（3-33）的约束条件与式（3-23）~式（3-27）的约束条件相似，这些约束条件保证任何一需求区均获得避难服务，而且该需求区的人口全部被分配到其避难疏散距离内的某一个避难场所 j，不允许存在分配至多个避难场所，并且确保任何选中的避难场所接受的避难人数，不超过该场所的容量。

通过上述二阶段数学模型，可以求得避难场所的数量、位置以及责任区划分方案。这里需要说明，计算需求区到避难场所总的路网疏散距离时，并没有按照经典 P-中值模型以需求区的避难人口数量为权重。因为这样可能使避难人口数量小的需求区被分配到较远的避难场所，影响规划结果的公平性，也可能造成避难场所责任区范围的不连续。

3.4 模型求解

3.4.1 求解思路

对于单目标规划来说是整数规划中的 0-1 规划问题，可以借助 LINGO 软件来求解。LINGO 软件是一种常用的快速、方便、有效地构建、求解线性、非线性和整数最优化模型的功能全面的工具，其基本算法属于分支定

界法和割平面法范围。提供了与 C++ 、JAVA、FORTRAN 等编程语言的接口。本章通过编写 LINGO 程序来求解两个分层的单目标规划。

3.4.2 求解步骤

通过 LINGO 软件求取最少的避难场所覆盖所有的避难需求区，并选定避难场所。在此基础上求取避难需求区到选定避难场所的路网距离之和最小，来确定选定避难场所的责任区范围。求解步骤如下。

步骤 1：将适宜性评价较好的场所列为备选固定避难场所集合。

步骤 2：计算各需求区与避难场所之间的可达矩阵，若需求区 i 去往避难场所 j 的距离小于标准要求取 1，否则取 0。

步骤 3：结合上述计算结果，通过 LINGO 软件编程求取最少的避难场所覆盖所有的避难需求区，并由此选定避难场所。

步骤 4：通过 LINGO 软件编程，求取需求区到疏散距离之内已选定避难场所的总疏散距离最小，并保证避难场所容量不超限。根据需求区分配到各避难场所的计算结果，确定选定避难场所的责任区服务范围。

步骤 5：验证所选定的避难场所是否覆盖了所有需求区。

应用 LINGO 软件求解本章模型也有一个问题，当模型有多个解时，软件计算结果不能同时显示所有解，只显示其中的一个解。所以，能否针对同样的目标和约束建立不同的数学模型，然后利用 LINGO 软件获得不同的避难场所选址优化结果，需要深入研究。

3.5 算例

从某县级市河东片区筛选出 11 个符合城镇中期固定避难场所规划技术指标要求的备选场所，按 2500m 和 3000m 的服务范围，分别进行布局优化和责任区划分计算，验证本章模型的适用性。

3.5.1 数据测量

将河东片区共分成97个地块（每个地块以道路、河流来分隔），作为避难需求区进行分析，如图3-2所示。11个备选场所作为备选区，其避难容量见表3-2。11个备选场所与97个需求区的最短路网距离见表3-3。

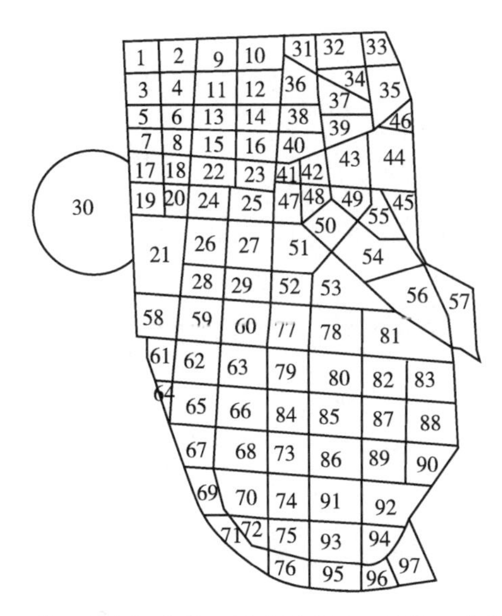

图3-2 某县级市河东片区避难需求区（地块）分布示意图

表3-2 备选中期固定避难场所的容量

场所名称	场所1	场所2	场所3	场所4	场所5	场所6	场所7	场所8	场所9	场所10	场所11
容量（人）	34067	45489	10933	14133	26333	17444	18822	4410	4830	4320	6720

表3-3 避难需求区的避难人数及其与备选避难场所的最短路网距离（m）

需求区	场所1	场所2	场所3	场所4	场所5	场所6	场所7	场所8	场所9	场所10	场所11	避难人口（人）
A_1	2431	4329	2549	6029	7466	7573	7179	2719	3294	2224	6355	276
A_2	2480	4080	2048	5825	7214	7092	6937	2434	2820	1744	6056	276

续表

需求区	场所1	场所2	场所3	场所4	场所5	场所6	场所7	场所8	场所9	场所10	场所11	避难人口（人）
A_3	2004	3887	2475	5596	7065	6886	6718	2306	3312	1998	5891	276
A_4	2029	3665	2054	5301	6822	6664	6513	1982	2973	1558	5636	276
A_5	1595	3448	2544	5162	6618	6487	6342	1885	3630	1898	5502	276
A_6	1647	3235	2170	4945	6351	6251	6067	1554	3248	1088	5188	276
A_7	1253	3131	3045	4817	6301	6132	5984	1546	3935	2169	5134	276
A_8	1272	2887	2743	4612	6014	5916	5770	1233	3553	1425	4885	276
A_9	2643	3709	1528	5337	6666	6639	6557	2475	2350	1234	5655	481
A_{10}	3224	3341	984	5159	6207	6008	6420	2393	1740	1040	4287	480
A_{11}	2207	3261	1526	4946	6295	6238	6135	2036	2447	1059	5224	480
A_{12}	2801	2875	944	4715	5633	5550	6109	2071	1854	554	3806	480
A_{13}	1857	2880	1744	4566	5888	5872	5790	1682	2821	1054	4862	647
A_{14}	2430	2455	1150	4259	5248	5118	5552	1659	2255	492	3426	646
A_{15}	1506	2559	2297	4246	5610	5521	5475	1317	3151	1381	4552	646
A_{16}	2113	2084	1673	3922	4904	4779	5166	1275	2579	798	3063	646
A_{17}	957	2885	3442	4556	6005	5808	5680	1219	4290	2565	4864	137
A_{18}	910	2515	3093	4229	5664	5518	5397	864	3270	2173	4470	137
A_{19}	537	2324	3873	4092	5564	5445	5262	956	4676	2976	4415	138
A_{20}	507	2088	3501	3829	5281	5138	4959	584	3620	2574	4076	137
A_{21}	0	1758	4597	3475	4887	4814	4563	1454	4742	3902	3707	540
A_{22}	1169	2141	2712	3804	5153	5107	4913	643	3534	1768	4069	737
A_{23}	1744	1684	2057	3809	4485	4359	4748	897	2976	1583	2628	737
A_{24}	754	1698	3077	3401	4750	4696	4561	275	3980	2165	3684	737
A_{25}	1306	1369	2504	3162	4095	4002	4360	664	3441	2080	2278	738
A_{26}	575	1117	3650	2867	4250	4188	4057	608	4545	2717	3153	419
A_{27}	1175	682	3091	2697	3637	3495	3907	908	3980	2713	2549	419
A_{28}	575	853	4135	2162	3664	3641	3469	1356	5001	3195	2621	419
A_{29}	1175	304	3545	2116	3151	2979	3577	1392	4470	3172	2004	419

续表

需求区	场所1	场所2	场所3	场所4	场所5	场所6	场所7	场所8	场所9	场所10	场所11	避难人口（人）
A_{30}	1369	3561	5227	3540	6788	6675	6367	2298	6371	4577	5631	589
A_{31}	3782	3214	0	5261	6084	5859	6387	3020	1067	1041	4333	400
A_{32}	4435	3796	648	5870	6674	6473	7010	3662	650	1613	3955	471
A_{33}	4865	4249	1098	6284	7132	6873	7449	4001	0	2077	3772	400
A_{34}	4426	3884	844	5921	6771	6080	6966	3611	644	1707	3572	400
A_{35}	4846	4334	1489	6501	7055	6793	7571	4287	820	2169	3316	580
A_{36}	3280	2732	549	4791	5584	5344	5884	2491	1274	507	3600	628
A_{37}	3990	3312	1021	5251	6239	6008	6557	3180	1287	1185	3373	628
A_{38}	3010	2435	1151	4714	5296	5074	5647	2205	1717	638	3272	627
A_{39}	3387	3033	1404	5114	5944	5468	6364	2866	1397	1402	3026	627
A_{40}	2678	2036	1531	4198	5023	4692	5311	1896	2173	1009	2411	500
A_{41}	2086	1545	1769	3650	4450	4179	4732	1382	2510	1092	2129	540
A_{42}	2624	1972	1602	4092	4896	4645	5224	1780	2262	1478	2330	600
A_{43}	3391	2689	1868	4790	5566	5388	5396	2532	1670	2177	2663	983
A_{44}	4032	3369	2506	5456	6301	6049	6583	3166	1816	2450	2751	700
A_{45}	4192	3611	3262	5710	6498	6236	6715	3415	2578	3255	1907	540
A_{46}	4511	3920	2147	5783	6738	6452	7012	3634	1475	2146	3024	186
A_{47}	1821	1225	2284	3318	4087	3863	4440	1188	2943	1687	1965	700
A_{48}	2227	1637	2499	3738	4512	4280	4860	1677	2854	1892	1767	690
A_{49}	2740	2122	2977	4215	4962	4716	5271	2135	2148	2387	1668	690
A_{50}	2367	1802	3301	3863	3344	4382	4981	1842	2809	2570	1279	805
A_{51}	2046	590	3066	2867	3064	2806	3913	534	3656	2420	1352	525
A_{52}	1787	284	3516	2341	2580	2333	3467	1962	4334	2814	1294	411
A_{53}	2892	1435	4504	3353	2032	2775	4544	3047	4616	3865	702	555
A_{54}	3347	1817	2633	4047	2321	3129	5351	3389	3747	3297	709	800
A_{55}	3243	2596	3191	4646	2918	5178	5846	2719	2724	3008	1597	404
A_{56}	3786	2271	4747	4685	1957	3786	5370	4173	3749	4672	859	760

续表

需求区	场所1	场所2	场所3	场所4	场所5	场所6	场所7	场所8	场所9	场所10	场所11	避难人口（人）
A_{57}	4563	3398	5358	5139	1920	4215	5853	4957	4098	4841	1857	445
A_{58}	566	1546	5210	2504	3909	3811	3724	2068	5354	4271	3246	314
A_{59}	808	881	4612	1875	3340	3177	3053	1865	5551	3743	2754	314
A_{60}	1425	343	4076	1642	2770	2527	3037	1941	4993	3737	2089	314
A_{61}	1085	1617	5705	1892	3689	3187	3084	2522	5807	4625	3768	183
A_{62}	1367	1081	5252	1289	3120	2603	2492	2456	6002	4299	3275	199
A_{63}	2049	581	4636	1080	2572	1960	2496	2562	5559	4244	2709	199
A_{64}	1652	1920	6178	1191	3735	2482	2347	2960	6227	5081	3738	143
A_{65}	1897	1638	5813	845	3389	2105	1950	3001	6654	4831	3829	199
A_{66}	2571	1312	5178	528	2667	1515	1840	3133	6136	4794	3249	199
A_{67}	2490	2616	6358	677	3901	2073	1430	3491	7062	5339	4233	285
A_{68}	3192	1974	5763	0	3795	1320	1342	3679	6650	5342	3805	310
A_{69}	3033	2923	6475	604	4302	1892	835	3910	7540	5796	4775	285
A_{70}	3589	2353	6147	547	3737	1281	733	4268	7081	5982	4261	310
A_{71}	4093	3378	7465	1420	4626	2147	396	4948	8570	6754	5105	347
A_{72}	3917	2748	6521	976	3916	1662	0	4642	7435	6438	4495	246
A_{73}	3752	1631	5649	510	2581	564	1292	4219	5784	4991	3101	250
A_{74}	4255	2133	6236	787	3160	668	734	4808	6338	5576	3642	250
A_{75}	4870	2650	6749	1342	3596	1196	600	5292	6825	6117	4106	250
A_{76}	5644	3091	7027	1743	4138	1646	776	5742	7307	6517	4614	250
A_{77}	2006	0	4015	1834	2102	1852	2976	2531	4131	3330	1510	321
A_{78}	2680	660	4653	2494	1501	1771	3623	3142	4429	4045	908	321
A_{79}	2592	492	4558	1285	1863	1292	2412	3084	4675	3903	1952	321
A_{80}	3261	897	5194	1942	1346	1189	3046	3707	4958	4563	1342	320
A_{81}	3859	1896	5873	3504	802	2747	4658	4337	4815	5199	963	418
A_{82}	3911	1514	5891	2575	611	1623	3691	4385	4995	5271	1399	350
A_{83}	4511	2124	6386	3114	0	2286	4288	5024	4599	5904	2082	350
A_{84}	3149	1063	5081	729	2046	786	1826	3739	5243	4512	2550	484
A_{85}	3784	1424	5758	1343	1424	613	2489	4234	5520	5098	1909	484

续表

需求区	场所1	场所2	场所3	场所4	场所5	场所6	场所7	场所8	场所9	场所10	场所11	避难人口（人）
A_{86}	4362	1935	6340	1241	1919	304	1953	4783	6075	5662	2445	483
A_{87}	4459	2115	6464	1948	761	1108	3123	4922	5543	5714	1973	450
A_{88}	5142	2799	7099	2670	539	1729	3700	5576	5339	6495	2700	450
A_{89}	5011	2595	7000	1854	1256	947	2556	5442	6049	6243	2469	450
A_{90}	5475	3088	7495	2516	1096	1655	3139	5943	5896	6813	2943	403
A_{91}	4937	2553	6943	1452	2493	639	1360	5361	6656	6233	3056	495
A_{92}	5680	3194	7691	2212	1821	1293	2242	5982	6622	6880	3074	488
A_{93}	5491	3061	7898	1963	3003	1154	1297	5904	7146	6812	3521	495
A_{94}	5898	3423	8377	2386	2729	1406	1814	6254	6887	7146	3312	328
A_{95}	5805	3499	7855	2381	3352	1672	1394	6337	7630	7233	4000	328
A_{96}	6323	3972	8341	2821	3332	2166	1869	6863	7460	7663	3801	328
A_{97}	6948	4636	8907	3419	3008	2857	2482	7393	7839	8063	4409	495

3.5.2 求避难场所最小数量

由于算例的规模比较大，借助 LINGO 的线性规划求解功能直接计算两阶段模型的最优解。依据式（3–22），通过 LINGO 软件编程求取所有需求区被覆盖情况下避难场所的最少数量，计算结果如图 3–3 和图 3–4 所示。其中，按 3000m 服务范围的计算程序源代码见 3.7 本章附录（1）。

```
Y( 1)    1.000000    1.000000
Y( 2)    0.000000    1.000000
Y( 3)    1.000000    1.000000
Y( 4)    0.000000    1.000000
Y( 5)    1.000000    1.000000
Y( 6)    0.000000    1.000000
Y( 7)    1.000000    1.000000
Y( 8)    0.000000    1.000000
Y( 9)    1.000000    1.000000
Y( 10)   0.000000    1.000000
Y( 11)   1.000000    1.000000
```

图 3–3 最少场所数量的计算结果（场所服务范围 2500m）

```
Y( 1)    1.000000    1.000000
Y( 2)    0.000000    1.000000
Y( 3)    1.000000    1.000000
Y( 4)    0.000000    1.000000
Y( 5)    0.000000    1.000000
Y( 6)    1.000000    1.000000
Y( 7)    0.000000    1.000000
Y( 8)    0.000000    1.000000
Y( 9)    0.000000    1.000000
Y( 10)   0.000000    1.000000
Y( 11)   1.000000    1.000000
```

图 3-4　最少场所数量的计算结果（场所服务范围 3000m）

3.5.3　求总疏散距离最小

跟据式（3-28），应用 LINGO 软件编程计算上述各选定中期固定避难场所到需求区的总疏散距离最小，保证避难场所容量不超限。计算结果如图 3-5 和图 3-6 所示。其中，按 3000m 服务范围的计算程序源代码见 3.7 本章附录（2）。

```
Global optimal solution found.
Objective value:                  120177.0
Objective bound:                  120177.0
Infeasibilities:                  0.000000
Extended solver steps:                   0
Total solver iterations:                 0
```

图 3-5　总疏散距离最小的计算结果（场所服务范围 2500m）

```
Global optimal solution found.
Objective value:                  130985.0
Objective bound:                  130985.0
Infeasibilities:                  0.000000
Extended solver steps:                   0
Total solver iterations:                 0
```

图 3-6　总疏散距离最小的计算结果（场所服务范围 3000m）

需求区分配到各选定避难场所的责任区划分计算结果，见表 3-4 和表 3-5。

表 3–4　需求区分配到选定避难场所的人数（场所服务范围 2500m）

（单位：人）

需求区	场所 1	场所 3	场所 5	场所 7	场所 9	场所 11
A_1	276	0	0	0	0	0
A_2	0	276	0	0	0	0
A_3	276	0	0	0	0	0
A_4	276	0	0	0	0	0
A_5	276	0	0	0	0	0
A_6	276	0	0	0	0	0
A_7	276	0	0	0	0	0
A_8	276	0	0	0	0	0
A_9	0	481	0	0	0	0
A_{10}	0	480	0	0	0	0
A_{11}	0	480	0	0	0	0
A_{12}	0	480	0	0	0	0
A_{13}	0	647	0	0	0	0
A_{14}	0	646	0	0	0	0
A_{15}	646	0	0	0	0	0
A_{16}	0	646	0	0	0	0
A_{17}	137	0	0	0	0	0
A_{18}	137	0	0	0	0	0
A_{19}	138	0	0	0	0	0
A_{20}	137	0	0	0	0	0
A_{21}	540	0	0	0	0	0
A_{22}	737	0	0	0	0	0
A_{23}	737	0	0	0	0	0
A_{24}	737	0	0	0	0	0
A_{25}	738	0	0	0	0	0

续表

需求区	场所 1	场所 3	场所 5	场所 7	场所 9	场所 11
A_{26}	419	0	0	0	0	0
A_{27}	419	0	0	0	0	0
A_{28}	419	0	0	0	0	0
A_{29}	419	0	0	0	0	0
A_{30}	589	0	0	0	0	0
A_{31}	0	400	0	0	0	0
A_{32}	0	471	0	0	0	0
A_{33}	0	0	0	0	400	0
A_{34}	0	0	0	0	400	0
A_{35}	0	0	0	0	580	0
A_{36}	0	628	0	0	0	0
A_{37}	0	628	0	0	0	0
A_{38}	0	627	0	0	0	0
A_{39}	0	0	0	0	627	0
A_{40}	0	500	0	0	0	0
A_{41}	0	540	0	0	0	0
A_{42}	0	600	0	0	0	0
A_{43}	0	0	0	0	983	0
A_{44}	0	0	0	0	700	0
A_{45}	0	0	0	0	0	540
A_{46}	0	0	0	0	186	0
A_{47}	700	0	0	0	0	0
A_{48}	690	0	0	0	0	0
A_{49}	0	0	0	0	0	690
A_{50}	0	0	0	0	0	805
A_{51}	0	0	0	0	0	525

续表

需求区	场所 1	场所 3	场所 5	场所 7	场所 9	场所 11
A_{52}	0	0	0	0	0	411
A_{53}	0	0	0	0	0	555
A_{54}	0	0	0	0	0	800
A_{55}	0	0	0	0	0	404
A_{56}	0	0	0	0	0	760
A_{57}	0	0	0	0	0	445
A_{58}	314	0	0	0	0	0
A_{59}	314	0	0	0	0	0
A_{60}	314	0	0	0	0	0
A_{61}	183	0	0	0	0	0
A_{62}	199	0	0	0	0	0
A_{63}	199	0	0	0	0	0
A_{64}	143	0	0	0	0	0
A_{65}	199	0	0	0	0	0
A_{66}	0	0	0	199	0	0
A_{67}	0	0	0	285	0	0
A_{68}	0	0	0	310	0	0
A_{69}	0	0	0	285	0	0
A_{70}	0	0	0	310	0	0
A_{71}	0	0	0	347	0	0
A_{72}	0	0	0	246	0	0
A_{73}	0	0	0	250	0	0
A_{74}	0	0	0	250	0	0
A_{75}	0	0	0	250	0	0
A_{76}	0	0	0	250	0	0
A_{77}	0	0	0	0	0	321

续表

需求区	场所 1	场所 3	场所 5	场所 7	场所 9	场所 11
A_{78}	0	0	0	0	0	321
A_{79}	0	0	321	0	0	0
A_{80}	0	0	320	0	0	0
A_{81}	0	0	418	0	0	0
A_{82}	0	0	350	0	0	0
A_{83}	0	0	350	0	0	0
A_{84}	0	0	0	484	0	0
A_{85}	0	0	484	0	0	0
A_{86}	0	0	483	0	0	0
A_{87}	0	0	450	0	0	0
A_{88}	0	0	450	0	0	0
A_{89}	0	0	450	0	0	0
A_{90}	0	0	403	0	0	0
A_{91}	0	0	0	495	0	0
A_{92}	0	0	488	0	0	0
A_{93}	0	0	0	495	0	0
A_{94}	0	0	0	328	0	0
A_{95}	0	0	0	328	0	0
A_{96}	0	0	0	328	0	0
A_{97}	0	0	0	495	0	0
合计	12136	8530	4967	5935	3876	6577
场所容量	34067	10933	26333	18822	4830	6720

表 3–5　需求区分配到选定避难场所人数（场所服务范围 3000m）

（单位：人）

需求区	场所 1	场所 3	场所 6	场所 11
A_1	276	0	0	0
A_2	0	276	0	0
A_3	276	0	0	0
A_4	276	0	0	0
A_5	276	0	0	0
A_6	276	0	0	0
A_7	276	0	0	0
A_8	276	0	0	0
A_9	0	481	0	0
A_{10}	0	480	0	0
A_{11}	0	480	0	0
A_{12}	0	480	0	0
A_{13}	647	0	0	0
A_{14}	0	646	0	0
A_{15}	646	0	0	0
A_{16}	646	0	0	0
A_{17}	137	0	0	0
A_{18}	137	0	0	0
A_{19}	138	0	0	0
A_{20}	137	0	0	0
A_{21}	540	0	0	0
A_{22}	737	0	0	0
A_{23}	737	0	0	0
A_{24}	737	0	0	0
A_{25}	738	0	0	0

续表

需求区	场所 1	场所 3	场所 6	场所 11
A_{26}	419	0	0	0
A_{27}	419	0	0	0
A_{28}	419	0	0	0
A_{29}	419	0	0	0
A_{30}	589	0	0	0
A_{31}	0	400	0	0
A_{32}	0	471	0	0
A_{33}	0	400	0	0
A_{34}	0	400	0	0
A_{35}	0	580	0	0
A_{36}	0	628	0	0
A_{37}	0	628	0	0
A_{38}	0	627	0	0
A_{39}	0	627	0	0
A_{40}	0	500	0	0
A_{41}	540	0	0	0
A_{42}	0	600	0	0
A_{43}	0	983	0	0
A_{44}	0	700	0	0
A_{45}	0	0	0	540
A_{46}	0	186	0	0
A_{47}	700	0	0	0
A_{48}	690	0	0	0
A_{49}	0	0	0	690
A_{50}	0	0	0	805
A_{51}	0	0	0	525

续表

需求区	场所 1	场所 3	场所 6	场所 11
A_{52}	0	0	0	411
A_{53}	0	0	0	555
A_{54}	0	0	0	800
A_{55}	0	0	0	404
A_{56}	0	0	0	760
A_{57}	0	0	0	445
A_{58}	314	0	0	0
A_{59}	314	0	0	0
A_{60}	314	0	0	0
A_{61}	183	0	0	0
A_{62}	199	0	0	0
A_{63}	0	0	199	0
A_{64}	143	0	0	0
A_{65}	199	0	0	0
A_{66}	0	0	199	0
A_{67}	0	0	285	0
A_{68}	0	0	310	0
A_{69}	0	0	285	0
A_{70}	0	0	310	0
A_{71}	0	0	347	0
A_{72}	0	0	246	0
A_{73}	0	0	250	0
A_{74}	0	0	250	0
A_{75}	0	0	250	0
A_{76}	0	0	250	0
A_{77}	0	0	321	0

续表

需求区	场所 1	场所 3	场所 6	场所 11
A_{78}	0	0	0	321
A_{79}	0	0	321	0
A_{80}	0	0	320	0
A_{81}	0	0	0	418
A_{82}	0	0	350	0
A_{83}	0	0	350	0
A_{84}	0	0	484	0
A_{85}	0	0	484	0
A_{86}	0	0	483	0
A_{87}	0	0	450	0
A_{88}	0	0	450	0
A_{89}	0	0	450	0
A_{90}	0	0	403	0
A_{91}	0	0	495	0
A_{92}	0	0	488	0
A_{93}	0	0	495	0
A_{94}	0	0	328	0
A_{95}	0	0	328	0
A_{96}	0	0	328	0
A_{97}	0	0	495	0
合　计	13770	10573	11004	6674
场所容量	34067	10933	17444	6720

3.6　本章小结

本章建立了基于改进集合覆盖模型与P-中值模型相结合的城镇固定避难场所布局优化与责任区划分模型，以覆盖全部需求区的场所数量最少和需求区到选中场所疏散距离之和最小为目标。全面考虑了现行标准对疏散距离的限制、场所容量限制和任一需求区仅在且均在一处场所避难等实际约束条件。模型求解利用求取避难场所最少数量来选定避难场所位置，再用求取总疏散距离最小来划分选定场所的责任区范围。

3.7　本章附录

（1）

```
model:
sets:
supply/1..97/: s;
demand/1..11/: v, y;
link (supply, demand): c, x;
endsets

min=@sum (demand: y);
@for (supply (i): @sum (link (i, j): x (i, j) ) =1;);
@for (link (i, j): x (i, j) <=c (i, j););
@for (link (i, j): x (i, j) <=y (j) );
@for (demand (j): @sum (link (i, j): x (i, j)*s (i) ) <=y (j)*v (j););
@for (demand: @bin (y) );
@for (link: @bin (x) );
data:
```

s = 276 276 276 276 276 276 276 276 481 480 480 480 647 646 646
646 137 137 138 137 540 737 737 737 738 419 419 419 419 589 400
471 400 400 580 628 628 627 627 500 540 600 983 700 540 186 700
690 690 805 525 411 555 800 404 760 445 314 314 314 183 199 199
143 199 199 285 310 285 310 347 246 250 250 250 250 321 321 321
320 418 350 350 484 484 483 450 450 450 403 495 488 495 328 328
328 495;

v = 34067 45489 10933 14133 26333 17444 18822 4410 4830 4320 6720;

c = 1 0 1 0 0 0 0 1 0 1 0
1 0 1 0 0 0 0 1 1 1 0
1 0 1 0 0 0 0 1 0 1 0
1 0 1 0 0 0 0 1 1 1 0
1 0 1 0 0 0 0 1 0 1 0
1 0 1 0 0 0 0 1 0 1 0
1 0 0 0 0 0 0 1 0 1 0
1 1 1 0 0 0 0 1 0 1 0
1 0 1 0 0 0 0 1 1 1 0
0 0 1 0 0 0 0 1 1 1 0
1 0 1 0 0 0 0 1 1 1 0
1 1 1 0 0 0 0 1 1 1 0
1 1 1 0 0 0 0 1 1 1 0
1 1 1 0 0 0 0 1 1 1 0
1 1 1 0 0 0 0 1 0 1 0
1 1 1 0 0 0 0 1 1 1 0
1 1 0 0 0 0 0 1 0 1 0
1 1 0 0 0 0 0 1 0 1 0
1 1 0 0 0 0 0 1 0 1 0
1 1 0 0 0 0 0 1 0 1 0
1 1 0 0 0 0 0 1 0 0 0

1 1 1 0 0 0 0 1 0 1 0

1 1 1 0 0 0 0 1 1 1 1

1 1 0 0 0 0 0 1 0 1 0

1 1 1 0 0 0 0 1 0 1 1

1 1 0 1 0 0 0 1 0 1 0

1 1 0 1 0 0 0 1 0 1 1

1 1 0 1 0 0 0 1 0 0 1

1 1 0 1 0 1 0 1 0 0 1

1 0 0 0 0 0 0 1 0 0 0

0 0 1 0 0 0 0 0 1 1 0

0 0 1 0 0 0 0 0 1 1 0

0 0 1 0 0 0 0 0 1 1 0

0 0 1 0 0 0 0 0 1 1 0

0 0 1 0 0 0 0 0 1 1 0

0 1 1 0 0 0 0 1 1 1 0

0 0 1 0 0 0 0 0 1 1 0

0 1 1 0 0 0 0 1 1 1 0

0 0 1 0 0 0 0 1 1 1 0

1 1 1 0 0 0 0 1 1 1 1

1 1 1 0 0 0 0 1 1 1 1

1 1 1 0 0 0 0 1 1 1 1

0 1 1 0 0 0 0 1 1 1 1

0 0 1 0 0 0 0 0 1 1 1

0 0 0 0 0 0 0 0 1 0 1

0 0 1 0 0 0 0 0 1 1 0

1 1 1 0 0 0 0 1 1 1 1

1 1 1 0 0 0 0 1 1 1 1

1 1 1 0 0 0 0 1 1 1 1

1 1 0 0 0 0 0 1 1 1 1

1 1 0 1 0 1 0 1 0 1 1

1 1 0 1 1 1 0 1 0 1 1

1 1 0 0 1 1 0 0 0 0 1

0 1 1 0 1 0 0 0 0 0 1

0 1 0 0 1 0 0 1 1 0 1

0 1 0 0 1 0 0 0 0 0 1

0 0 0 0 1 0 0 0 0 0 1

1 1 0 1 0 0 0 1 0 0 0

1 1 0 1 0 0 0 1 0 0 1

1 1 0 1 1 1 0 1 0 0 1

1 1 0 1 0 0 0 1 0 0 0

1 1 0 1 0 1 1 1 0 0 0

1 1 0 1 1 1 1 1 0 0 1

1 1 0 1 0 1 1 1 0 0 0

1 1 0 1 0 1 1 0 0 0 0

1 1 0 1 1 1 1 0 0 0 0

1 1 0 1 0 1 1 0 0 0 0

0 1 0 1 0 1 1 0 0 0 0

0 1 0 1 0 1 1 0 0 0 0

0 1 0 1 0 1 1 0 0 0 0

0 0 0 1 0 1 1 0 0 0 0

0 1 0 1 0 1 1 0 0 0 0

0 1 0 1 1 1 1 0 0 0 0

0 1 0 1 0 1 1 0 0 0 0

0 1 0 1 0 1 1 0 0 0 0

0 0 0 1 0 1 1 0 0 0 0

1 1 0 1 1 1 1 1 0 0 1

1 1 0 1 1 1 0 0 0 0 1

1 1 0 1 1 1 1 0 0 0 1

```
0 1 0 1 1 1 0 0 0 0 1
0 1 0 0 1 1 0 0 0 0 1
0 1 0 1 1 1 0 0 0 0 1
0 1 0 0 1 1 0 0 0 0 1
0 1 0 1 1 1 1 0 0 0 1
0 1 0 1 1 1 1 0 0 0 1
0 1 0 1 1 1 1 0 0 0 1
0 1 0 1 1 1 0 0 0 0 1
0 1 0 1 1 1 0 0 0 0 1
0 1 0 1 1 1 1 0 0 0 1
0 0 0 1 1 1 0 0 0 0 1
0 1 0 1 1 1 1 0 0 0 0
0 0 0 1 1 1 1 0 0 0 0
0 0 0 1 0 1 1 0 0 0 0
0 0 0 1 1 1 1 0 0 0 0
0 0 0 1 0 1 1 0 0 0 0
0 0 0 1 0 1 1 0 0 0 0
0 0 0 0 0 1 1 0 0 0 0;
enddata
end
```

(2)

```
model:
sets:
supply/1..97/: s;
demand/1..4/: v, y;
link (supply, demand): c, x, d;
endsets
min=@sum (link: x*d);
@for (supply (i): @sum (link (i, j): x (i, j) ) =1;);
```

```
@for (link (i, j): x (i, j) <=c (i, j););
@for (link (i, j): x (i, j) <=y (j) );
@for (demand (j): @sum (link (i, j): x (i, j)*s (i) ) <=y (j)*v (j););
@for (demand: @bin (y) );
@for (link: @bin (x) );
data:
s=276 276 276 276 276 276 276 276 481 480 480 480
647 646 646 646 137 137 138 137 540 737 737 737 738 419 419
419 419 589 400
471 400 400 580 628 628 627 627 500 540 600 983 700 540 186
700 690 690 805 525 411 555 800 404 760 445 314 314 314 183
199 199
143 199 199 285 310 285 310 347 246 250 250 250 250 321 321
321 320 418 350 350 484 484 483 450 450 450 403 495 488 495
328 328 328 495;
v=34067 10933 17444 6720;
c=1 1 0 0
1 1 0 0
1 1 0 0
1 1 0 0
1 1 0 0
1 1 0 0
1 0 0 0
1 1 0 0
1 1 0 0
0 1 0 0
1 1 0 0
1 1 0 0
1 1 0 0
```

1 1 0 0

1 1 0 0

1 1 0 0

1 0 0 0

1 0 0 0

1 0 0 0

1 0 0 0

1 0 0 0

1 1 0 0

1 1 0 1

1 0 0 0

1 1 0 1

1 0 0 0

1 0 0 1

1 0 0 1

1 0 1 1

1 0 0 0

0 1 0 0

0 1 0 0

0 1 0 0

0 1 0 0

0 1 0 0

0 1 0 0

0 1 0 0

0 1 0 0

0 1 0 0

1 1 0 1

1 1 0 1

1 1 0 1

0 1 0 1

0 1 0 1

0 0 0 1

0 1 0 0

1 1 0 1

1 1 0 1

1 1 0 1

1 0 0 1

1 0 1 1

1 0 1 1

1 0 1 1

0 1 0 1

0 0 0 1

0 0 0 1

0 0 0 1

1 0 0 0

1 0 0 1

1 0 1 1

1 0 0 0

1 0 1 0

1 0 1 1

1 0 1 0

1 0 1 0

1 0 1 0

1 0 1 0

0 0 1 0

0 0 1 0

0 0 1 0

0 0 1 0

0　0　1　0

0　0　1　0

0　0　1　0

0　0　1　0

0　0　1　0

1　0　1　1

1　0　1　1

1　0　1　1

0　0　1　1

0　0　1　1

0　0　1　1

0　0　1　1

0　0　1　1

0　0　1　1

0　0　1　1

0　0　1　1

0　0　1　1

0　0　1　1

0　0　1　1

0　0　1　0

0　0　1　0

0　0　1　0

0　0　1　0

0　0　1　0

0　0　1　0

0　0　1　0;

d = 2431　2549　7573　6355

2480　2048　7092　6056

2004　2475　6886　5891

2029 2054 6664 5636

1595 2544 6487 5502

1647 2170 6251 5188

1253 3045 6132 5134

1272 2743 5916 4885

2643 1528 6639 5655

3224 984 6008 4287

2207 1526 6238 5224

2801 944 5550 3806

1857 1744 5872 4862

2430 1150 5118 3426

1506 2297 5521 4552

2113 1673 4779 3063

920 3442 5808 4864

910 3093 5518 4470

537 3873 5445 4415

507 3501 5138 4076

0 4597 4814 3707

1169 2712 5107 4069

1744 2057 4359 2628

754 3077 4696 3684

1306 2504 4002 2278

575 3650 4188 3153

1175 3091 3495 2549

575 4135 3641 2621

1175 3545 2979 2004

1369 5227 6675 5631

3782 0 5859 4333

4435 648 6473 3955

4865　1098　6873　3772

4426　844　6080　3572

4846　1489　6793　3316

3280　549　5344　3600

3990　1021　6008　3373

3010　1151　5074　3272

3387　1404　5468　3026

2678　1531　4692　2411

2086　1769　4179　2129

2624　1602　4645　2330

3391　1868　5388　2663

4032　2506　6049　2751

4192　3262　6236　1907

4511　2147　6452　3024

1821　2284　3863　1965

2227　2499　4280　1767

2740　2977　4716　1668

2367　3301　4382　1279

2046　3066　2806　1352

1787　3516　2333　1294

2892　4504　2775　702

3347　2633　3129　709

3243　3191　5178　1597

3786　4747　3786　859

4563　5358　4215　1857

566　5210　3811　3246

808　4612　3177　2754

1425　4076　2527　2089

1085　5705　3187　3768

1367 5252 2603 3275

2049 4636 1960 2709

1652 6178 2482 3738

1897 5813 2105 3829

2571 5178 1515 3249

2490 6358 2073 4233

3192 5763 1320 3805

3033 6475 1892 4775

3589 6147 1281 4261

4093 7465 2147 5105

3917 6521 1662 4495

3752 5649 564 3101

4255 6236 668 3642

4870 6749 1196 4106

5644 7027 1646 4614

2006 4015 1852 1510

2680 4653 1771 908

2592 4558 1292 1952

3261 5194 1189 1342

3859 5873 2747 963

3911 5891 1623 1399

4511 6386 2286 2082

3149 5081 786 2550

3784 5758 613 1909

4362 6340 304 2445

4459 6464 1108 1973

5142 7099 1729 2700

5011 7000 947 2469

5475 7495 1655 2943

```
4937  6943  639  3056
5680  7691  1293  3074
5491  7898  1154  3521
5898  8377  1406  3312
5805  7855  1672  4000
6323  8341  2166  3801
6948  8907  2857  4409;
enddata
end
```

第四章 基于多目标规划的避难场所选址评价、优化与责任区划分方法

在布局优化和责任区划分时，所有备选场所的适宜性通常被认为是一样的，但实际上适宜性各有不同。在避难场所选址优化和责任区划分时，需要同时考虑避难场所的适宜性问题。唐山市大中型城市公园中，南湖和东湖两个郊野公园虽然均有 50hm^2 以上的有效避难面积，但因区位和基础设施条件较差，其作为避难场所的适宜性明显不如大钊、凤凰山和大城山等公园。

在研究避难场所布局优化与责任区划分的现有文献中，很少有同时考虑场所适宜性的。李刚等提出了影响地震应急避难场所覆盖半径的七个因子，通过因子权重计算出各场所的加权覆盖半径，利用加权 Voronoi 图在 GIS 平台划分场所责任区。该方法简单地增加了适宜性评价较好场所的责任区覆盖范围，没有考虑有些评价指标不适合直接加权，也没考虑场所容量和道路分隔等限制条件；周晓猛等指出紧急避难场所优化布局中，不仅要考虑距离长短问题，还要综合考虑场所容量大小、配套设施、安全性能及应急道路等问题，但同样没有对各影响因素进行具体区分。

本章以城镇固定避难场所为研究对象，以能同时进行避难场所选址评价、布局优化和责任区划分为研究目标；结合第二章提出的选址评价指标体系，建立多目标规划模型并给出求解方法；通过两个算例验证本章方法的有效性。

4.1　避难场所适宜性评价指标体系

避难场所适宜性评价指标体系，采用第二章提出的固定避难场所选址适宜性评价指标体系，见表 4-1。

表 4-1　固定避难场所选址适宜性评价指标体系

<table>
<tr><th>目标</th><th>一级指标</th><th>二级指标</th></tr>
<tr><td rowspan="9">固定避难场所适宜性</td><td rowspan="3">灾害风险</td><td>地震地质灾害</td></tr>
<tr><td>地形状况</td></tr>
<tr><td>与危险源的距离</td></tr>
<tr><td rowspan="2">区位规模</td><td>场所区位</td></tr>
<tr><td>有效避难面积</td></tr>
<tr><td rowspan="4">应急保障基础设施</td><td>连接的应急道路</td></tr>
<tr><td>与医疗机构的距离</td></tr>
<tr><td>与消防站的距离</td></tr>
<tr><td>与物资储备库的距离</td></tr>
</table>

4.2　基于目标规划的选址评价、布局优化与责任区划分综合模型

4.2.1　建模思路

在避难场所布局优化和责任区划分时，通常认为所有备选场所的适宜性是一样的，但实际上适宜性各不相同。避难场所规划需要考虑各备选场所的适宜性差异，这就要求在建立规划模型时将选址适宜性评价指标融入避难场所规划模型。选址适宜性评价指标（见表 4-1）中有多个二级指

标，其中“地震地质灾害”已在前期候选避难场所分析时考虑了，“有效避难面积”可作为约束来考虑，即任何选中的避难场所接受的避难人数不能超过该场所的容量。除上述两个指标外，其他适宜性评价二级指标可作为规划目标来考虑。

按照以上思路建立的避难场所规划模型是典型的多目标规划问题，目标函数考虑了避难场所数量最小，需求区到避难场所的路网距离之和最小以及所选择场所的综合评价值最好。这里的综合评价值是指，包括场所的地形状况、与危险源的距离、连通的避难道路、与医疗机构的距离、与消防站的距离和与物资储备库的距离的综合评价值。

在解决多目标规划时，利用线性加权和法把多目标规划问题转化成为单目标规划问题以进行简化求解，这需要根据各目标的重要程度给出相应的权重。由于各目标的情况不一样，还要对候选避难场所的各属性值进行规范化处理，以达到统一类型、非量纲化和归一化的目的。

4.2.2 确定指标权重

在确定各评价指标的权重时，采用层次分析法与熵值法相结合的方法，以实现主客观方法共同赋权值，获得更为合理的权系数。

第 j 指标的综合权重为

$$w_j = \frac{\alpha_j \times \beta_j}{\sum_{j=1}^{n} \alpha_j \times \beta_j} \qquad j = 1, 2, \cdots, n \tag{4-1}$$

其中，α_j 为利用层次分析法，通过判断矩阵求得的第 j 指标权重；β_j 为熵值法得到的第 j 个指标权重。

利用熵值法求取权重时，首先对原始决策矩阵进行规范化处理，对效益型指标根据式（4-2）计算，成本型指标根据式（4-3）计算；然后根据式（4-4）求取指标的熵值 h_j ；最后依据式（4-5）计算上权 β_j 。

$$r_{ij} = \frac{y_{ij} - \min_j\{y_{ij}\}}{\min_j\{y_{ij}\} - \min_j\{y_{ij}\}} \tag{4-2}$$

$$r_{ij}=\frac{\min\limits_{j}\{y_{ij}\}-y_{ij}}{\min\limits_{j}\{y_{ij}\}-\min\limits_{j}\{y_{ij}\}} \tag{4-3}$$

$$h_j=-k\sum_{i=1}^{m}f_{ij}ln(f_{ij}) \tag{4-4}$$

$$\beta_j=\frac{1-h_j}{\sum\limits_{j=1}^{n}(1-h_j)} \tag{4-5}$$

式（4-4）中，$f_{ij}=r_{ij}/\sum\limits_{j=1}^{m}r_{ij}$，$k=l/\ln m$，当$f_{ij}=0$时，规定$f_{ij}ln(f_{ij})=0$。

4.2.3　基本假设

（1）已知备选避难场所和需求区位置，并且是离散非连续的；

（2）已知备选避难场所到需求区的距离，或已知从避难场所到需求区所需时间（居住区或商业、办公区等避难需求区到避难场所的距离为两区域出入口间最短路网距离）；

（3）已知每个需求区的人口数量；

（4）任一避难需求区的所有避难者均在且仅在一处避难场所获得避难服务；

（5）为建立模型方便，将需求区到避难场所的距离之和最小设为第1个目标。

4.2.4　模型参数

$J=\{j\mid j=1,2,\cdots,n\}$为备选避难场所的集合，任意避难场所备选点都有$j\epsilon J$；

$I=\{i\mid i=1,2,\cdots,m\}$为避难需求区集合，任意需求点$i\epsilon I$；

s_i为需求区i的避难人口数量；

v_j为避难场所j的最大避难容量；

$K=\{k \mid k=1, 2, \cdots, l\}$ 可作为目标的影响因素集合，第 k 个目标权重为 w_k；

w_1 为第 1 个目标（需求区到避难场所的距离之和最小）的权重；

d_{ij} 为需求区 i 到避难场所 j 的最短路网距离，$i \in I$，$j \in J$；

e_{ij} 为 d_{ij} 规范化的值，$i \in I$，$j \in J$；

r 为避难疏散距离标准；

a_{jk} 为避难场所 j 对应第 k 个目标因素的数值，其规范化后为 b_{jk}，$j \in J$，$k \in \{k \mid k=2, 3, \cdots, l\}$；

同时定义 x_{ij}，y_j 为以下二元变量：

$$x_{ij}=\begin{cases}1, & \text{需求区 } i \text{ 在避难场所 } j \text{ 处避难} \\ 0, & \text{否则}\end{cases}$$

$$y_j=\begin{cases}1, & \text{备选避难场所 } j \text{ 被选中为避难场所} \\ 0, & \text{否则}\end{cases}$$

这里需要说明的是，由于将要建立的目标规划是求极小值，原始数据进行规范化处理时，成本型指标和效益型指标的变换公式与目标为极大值的变换公式不同。成本型指标根据式（4-2）计算，效益型指标根据式（4-3）计算。

4.2.5 建立综合模型

$$\min z = w_1 \sum_{j \in J} \sum_{i \in I} (x_{ij} \cdot e_{ij}) + y_j \cdot \sum_{j \in J} \sum_{k=2}^{l} (w_k \cdot b_{jk}) \tag{4-6}$$

$$\text{s.t.} \sum_{j \in J} x_{ij} = 1, \quad \forall i \in I \tag{4-7}$$

$$x_{ij} - y_j \leqslant 0, \quad \forall i \in I, \quad \forall j \in J \tag{4-8}$$

$$\sum_{i \in I} (x_{ij} \cdot s_i) - y_j \cdot v_j \leqslant 0, \quad \forall j \in J \tag{4-9}$$

$$x_{ij} \cdot d_{ij} \leqslant r, \quad \forall i \in I, \quad \forall j \in J \tag{4-10}$$

$$x_{ij} = 0 \text{ 或 } 1, \quad y_j = 0 \text{ 或 } 1 \tag{4-11}$$

式（4-6）为目标函数，前半部分表示需求区到避难场所的路网距离之和，后半部分表示所选择避难场所的综合评价值；约束式（4-7）保证任何一需求区均获得避难服务，且仅在一处避难场所获得避难服务；约束式（4-8）保证任何需求区只能在选中的避难场所获得服务；约束式（4-9）确保任何选中的避难场所接受的避难人数不能超过该场所的容量；约束式（4-10）保证任何一需求区到服务其避难场所的距离小于标准 r；约束式（4-11）为分配变量和选址变量的限制条件。

这里需要说明，目标函数中并没有包括避难场所数量，这是因为式（4-6）的后半部分已经综合考虑了场所数量。当避难场所数量减少时，会减小目标函数值。

4.3　模型求解

本章建立的目标规划模型属于 NP 完全问题，模拟问题规模较大难以在多项式内求得最优解。利用了粒子群算法对上面模型求解，是可行的求解方式。

4.3.1　粒子群算法基本原理

粒子群算法（Particle Swarm Optimization，PSO）是由 Kennedy 等在 1995 年提出的基于对鸟群觅食行为模拟的一种智能计算方法。该算法将优化问题的一个解看成搜索空间中一个没有体积和质量的粒子，在空间中以一定的速度飞行，该粒子根据对个体和集体飞行经验的综合分析来动态调整飞行速度。粒子群算法编码技术较简单，也没有很多参数需要调整，并且收敛速度快。其对于模型复杂、变量多以及解空间维数大的优化问题具有很好的并行搜索能力。

标准粒子群算法中，粒子在搜索空间的速度和位置如下式确定：

$$v_{t+1} = Wv_t + r_1 \mathrm{rand}(P_t - x_t) + r_2 \mathrm{rand}(G_t - x_t) \tag{4-12}$$

$$x_{t+1} = x_t + v_t \tag{4-13}$$

其中，W 为惯性权重，r_1、r_2 为加速常数；rand 为区间［0，1］上均匀分布的随机数；P_t 和 G_t 分别为 t 时刻粒子的自身最好位置 pbest 和全局最好位置 gbest；pbest 为粒子自身飞过的最好位置，而 gbest 为粒子所对应的全局最好位置，它是整个群体所经历的最好位置。$x_t=(x_{t1}, x_{t2}, \cdots, x_{tn})$ 与 $v_t=(v_{t1}, v_{t2}, \cdots, v_{tn})$ 为时刻 t 的位置与速度，为了避免跳过较好的解，可以给飞行速度限定上限 $V_{\max}$ 和下限 $V_{\min}$。

标准 PSO 流程如下：

（1）初始化粒子群，随机产生所有粒子的位置和速度并确定粒子的 pbest 和 gbest。

（2）对每个粒子，将它的当前位置与它经历过的最好位置 pbest 进行比较，如当前位置更好，就将其作为当前的最好位置 pbest；否则，pbest 保持不变。

（3）对每个粒子，将它的当前位置和群体中所有粒子所经历的最好位置 gbest 作比较，如果这个粒子的位置更好，就将其设置为当前的 gbest；否则，gbest 保持不变。

（4）更新粒子的速度和位置。

（5）如未达到结束条件（通常为预设的运算精度或迭代次数），返回步骤（2）。

（6）开始下一轮迭代计算；否则，取当前 gbest 为最优解。

4.3.2 求解步骤

本章在传统粒子群算法的基础上进行了改进，使解能够很好地满足各项约束，且求解收敛速度快，并避免陷入局部最优。具体求解算法步骤如下。

步骤 1：初始化粒子群。在满足备选场所容量和最大避难距离的约束条件下，把避难需求区随机分配给避难场所备选区。为减少迭代次数，在不违反约束条件的情况下，遵循尽量减少避难场所数量的原则，考虑去掉对适应度值影响大的备选避难场所，对随机分配结果进行调整，产生所有粒子的初始位置。根据式（4-6）计算适应度值，确定粒子的 pbest 和 gbest。

步骤 2：按照式（4-12）、式（4-13）产生粒子的速度并更新其位置，速度应在［V_{min}，V_{max}］内，如果超出取超出侧限值。每个需求区要按照疏散距离对备选避难场所进行排序。产生速度和更新位置时，排序结果要与需求区的分配结果进行替换，粒子速度还应做四舍五入处理。

步骤 3：对更新后位置进行调整。对不符合最大避难距离约束的需求点进行调整，把其分配到离其最近被利用的备选避难场所。新位置中将疏散距离最大的需求区进行调整，使其分配到离其最近被利用的备选避难场所，这样可避免陷入局部最优。对不符合场所容量约束的备选避难场所进行调整，随机调出分配到该场所的需求点，使其分配到离其最近的避难场所，同时不违反其他约束条件。遵循尽量减少避难场所数量的原则，按照步骤 1 的方法进行调整。

步骤 4：计算适应度值即目标值，按更新粒子的 pbest 和 gbest。

步骤 5：如未达到结束条件（通常为预设的运算精度或迭代次数），返回步骤 2。

步骤 6：迭代结束取当前 gbest 为最优解。

4.4　算例

分别设定不同的服务范围限制条件，对某工业区和某县级市河东片区两个不同类型地域的长期固定避难场所进行选址评价、布局优化与责任区划分。

4.4.1 工业区算例

某工业区内综合服务区固定避难场所规划中，拟从 5 个备选避难场所 A、B、C、D、E 中选择数量最少、适宜性较好的场所，并划定其责任区范围，以满足综合服务区的中长期避难需求。需求区与备选固定避难场所的数据见表 4–2 和表 4–3。

表 4–2　综合服务区需求区的避难人数及其与备选避难场所的最短路网距离

需求区	场所 A（m）	场所 B（m）	场所 C（m）	场所 D（m）	场所 E（m）	避难人口（人）
1	2600	523	1042	1410	2457	640
2	2150	157	920	692	2044	840
3	2525	296	694	1116	1967	840
4	1548	921	512	108	1243	1640
5	2055	1224	239	645	957	1240
6	980	1538	1138	615	855	880
7	1428	1542	1133	821	337	720
8	623	1871	1432	967	690	1640
9	895	1969	1537	1283	527	840
10	193	2458	2016	1513	1239	480
11	114	2548	2108	1823	1516	600
12	513	2622	2070	2085	1409	600
13	497	2943	2500	2105	1742	640
14	1011	3225	2919	2473	2103	1240

表 4–3　综合服务区备选避难场所适宜性评价原始数据

评价指标	场所 A	场所 B	场所 C	场所 D	场所 E
与最近危险源距离（m）	1491	2921	2917	2408	2003
与医疗机构距离（m）	1673	3208	2973	2464	2084

续表

评价指标	场所 A	场所 B	场所 C	场所 D	场所 E
连通应急道路数量（条）	4	4	2	4	3
与消防站距离（m）	1871	1698	1983	1693	2181
场所容量（人）	5500	4000	6000	4500	8000

5 个备选避难场所的地震地质灾害和地形状况因素相同，因此，选址时不再考虑这两个因素。根据层次分析法与熵值法相结合的方法，得到避难疏散距离、与最近危险源的距离、与医疗机构距离、连通应急道路数量、与消防站距离 5 个因素的权重分别为（0.0467，0.8843，0.0381，0.0233，0.0076）。

当 $r_1 > r_2$ 且 $r_1 + r_2 < 4.0$ 时，粒子群算法取得较好的优化效果，加速度系数 r_1 取 1.5，加速度系数 r_2 取 1.0，惯性权重 w 取 1.0，速度限制为 [-2，2]，最大疏散距离取 2500m，粒子规模取 5，更新迭代 150 次结束运行。

利用 MATLAB 编程，通过多次运行程序，最后得到的结果为：B、C、D 被选为固定避难场所，需求区 1~4 被分配到 B，需求区 5、8、9、11、12 被分配到 C，需求区 6、7、10、13、14 被分配到 D。算法迭代次数与目标函数值之间变化关系见表 4-4，可见针对该实例迭代 58 次可得到最优解。

利用 MATLAB 的计算程序源代码，见 4.6 本章附录。

表 4-4　迭代次数与目标函数值关系表

迭代次数（次）	1~8	9~13	14~57	58~150
目标函数值	0.6282	0.6249	0.6220	0.6217

4.4.2　县城镇算例

利用第二章适宜性评价的计算结果，在河东片区淘汰适宜性较差的 4

个场所，将剩余适宜性较好的 8 个场所作为长期固定避难场所备选区。同样将河东片区共分成 97 个地块（每个地块以道路或河流来分隔），作为避难需求区进行分析，如图 3-2 所示。按照第二章评价指标评价得到的 8 个备选场所名称及规模见表 4-5，评价原始数据见表 4-6（8 个场所的地震地质灾害影响相同，表中省略），8 个备选场所与 97 个避难需求区的疏散距离和避难人口数据，见表 4-7。

表 4-5　河东片区备选长期固定避难场所规模数据

序号	场所名称	面积（hm^2）	有效避难面积（hm^2）
1	黄台山公园	51. 1	10. 22
2	奥体中心操场、体育馆及绿地	10. 8	4. 32
3	生态公园	16. 4	3. 28
4	燕山南路西侧绿地	4. 93	1. 10
5	燕鑫公益园和人民医院	23. 02	6. 50
6	河东儿童公园	15. 7	4. 71
7	古韵公园	21. 17	6. 35
8	地志公园	3. 76	2. 24

表 4-6　河东片区备选长期固定避难场所适宜性评价原始数据表

评价指标	1	2	3	4	5	6	7	8
场所平均高程（m）	50. 30	46. 80	49. 80	46. 30	45. 90	46. 70	44. 70	46. 50
与最近危险源的距离（m）	744	2000	235	280	100	1600	1950	160
有效避难面积（hm^2）	10. 22	4. 32	3. 28	1. 10	6. 50	4. 71	6. 35	2. 24
场所区位（m^2/人）	0. 77	0. 36	0. 33	1. 74	0. 75	0. 40	0. 84	0. 18
连通避难疏散道路（条）	3	3	3	2	2	3	2	2

续表

评价指标	1	2	3	4	5	6	7	8
与医疗机构的距离（m）	2000	3200	2400	520	30	3100	4150	1810
与消防站的距离（m）	600	250	1700	3340	210	500	900	1400
与物资储备库的距离（m）	350	500	1300	3200	200	200	550	820

表 4-7　河东片区需求区避难人数及其与备选避难场所的最短路网距离

需求区	场所 1（m）	场所 2（m）	场所 3（m）	场所 4（m）	场所 5（m）	场所 6（m）	场所 7（m）	场所 8（m）	避难人口（人）
A_1	2431	4329	2549	6029	7466	7573	7179	6355	276
A_2	2480	4080	2048	5825	7214	7092	6937	6056	276
A_3	2004	3887	2475	5596	7065	6886	6718	5891	276
A_4	2029	3665	2054	5301	6822	6664	6513	5636	276
A_5	1595	3448	2544	5162	6618	6487	6342	5502	276
A_6	1647	3235	2170	4945	6351	6251	6067	5188	276
A_7	1253	3131	3045	4817	6301	6132	5984	5134	276
A_8	1272	2887	2743	4612	6014	5916	5770	4885	276
A_9	2643	3709	1528	5337	6666	6639	6557	5655	481
A_{10}	3224	3341	984	5159	6207	6008	6420	4287	480
A_{11}	2207	3261	1526	4946	6295	6238	6135	5224	480
A_{12}	2801	2875	944	4715	5633	5550	6109	3806	480
A_{13}	1857	2880	1744	4566	5888	5872	5790	4862	647
A_{14}	2430	2455	1150	4259	5248	5118	5552	3426	646
A_{15}	1506	2559	2297	4246	5610	5521	5475	4552	646
A_{16}	2113	2084	1673	3922	4904	4779	5166	3063	646
A_{17}	957	2885	3442	4556	6005	5808	5680	4864	137
A_{18}	910	2515	3093	4229	5664	5518	5397	4470	137
A_{19}	537	2324	3873	4092	5564	5445	5262	4415	138

续表

需求区	场所1（m）	场所2（m）	场所3（m）	场所4（m）	场所5（m）	场所6（m）	场所7（m）	场所8（m）	避难人口（人）
A_{20}	507	2088	3501	3829	5281	5138	4959	4076	137
A_{21}	0	1758	4597	3475	4887	4814	4563	3707	540
A_{22}	1169	2141	2712	3804	5153	5107	4913	4069	737
A_{23}	1744	1684	2057	3809	4485	4359	4748	2628	737
A_{24}	754	1698	3077	3401	4750	4696	4561	3684	737
A_{25}	1306	1369	2504	3162	4095	4002	4360	2278	738
A_{26}	575	1117	3650	2867	4250	4188	4057	3153	419
A_{27}	1175	682	3091	2697	3637	3495	3907	2549	419
A_{28}	575	853	4135	2162	3664	3641	3469	2621	419
A_{29}	1175	304	3545	2116	3151	2979	3577	2004	419
A_{30}	1369	3561	5227	3540	6788	6675	6367	5631	589
A_{31}	3782	3214	0	5261	6084	5859	6387	4333	400
A_{32}	4435	3796	648	5870	6674	6473	7010	3955	471
A_{33}	4865	4249	1098	6284	7132	6873	7449	3772	400
A_{34}	4426	3884	844	5921	6771	6080	6966	3572	400
A_{35}	4846	4334	1489	6501	7055	6793	7571	3316	580
A_{36}	3280	2732	549	4791	5584	5344	5884	3600	628
A_{37}	3990	3312	1021	5251	6239	6008	6557	3373	628
A_{38}	3010	2435	1151	4714	5296	5074	5647	3272	627
A_{39}	3387	3033	1404	5114	5944	5468	6364	3026	627
A_{40}	2678	2036	1531	4198	5023	4692	5311	2411	500
A_{41}	2086	1545	1769	3650	4450	4179	4732	2129	540
A_{42}	2624	1972	1602	4092	4896	4645	5224	2330	600
A_{43}	3391	2689	1868	4790	5566	5388	5396	2663	983
A_{44}	4032	3369	2506	5456	6301	6049	6583	2751	700

续表

需求区	场所 1（m）	场所 2（m）	场所 3（m）	场所 4（m）	场所 5（m）	场所 6（m）	场所 7（m）	场所 8（m）	避难人口（人）
A_{45}	4192	3611	3262	5710	6498	6236	6715	1907	540
A_{46}	4511	3920	2147	5783	6738	6452	7012	3024	186
A_{47}	1821	1225	2284	3318	4087	3863	4440	1965	700
A_{48}	2227	1637	2499	3738	4512	4280	4860	1767	690
A_{49}	2740	2122	2977	4215	4962	4716	5271	1668	690
A_{50}	2367	1802	3301	3863	3344	4382	4981	1279	805
A_{51}	2046	590	3066	2867	3064	2806	3913	1352	525
A_{52}	1787	284	3516	2341	2580	2333	3467	1294	411
A_{53}	2892	1435	4504	3353	2032	2775	4544	702	555
A_{54}	3347	1817	2633	4047	2321	3129	5351	709	800
A_{55}	3243	2596	3191	4646	2918	5178	5846	1597	404
A_{56}	3786	2271	4747	4685	1957	3786	5370	859	760
A_{57}	4563	3398	5358	5139	1920	4215	5853	1857	445
A_{58}	566	1546	5210	2504	3909	3811	3724	3246	314
A_{59}	808	881	4612	1875	3340	3177	3053	2754	314
A_{60}	1425	343	4076	1642	2770	2527	3037	2089	314
A_{61}	1085	1617	5705	1892	3689	3187	3084	3768	183
A_{62}	1367	1081	5252	1289	3120	2603	2492	3275	199
A_{63}	2049	581	4636	1080	2572	1960	2496	2709	199
A_{64}	1652	1920	6178	1191	3735	2482	2347	3738	143
A_{65}	1897	1638	5813	845	3389	2105	1950	3829	199
A_{66}	2571	1312	5178	528	2667	1515	1840	3249	199
A_{67}	2490	2616	6358	677	3901	2073	1430	4233	285

续表

需求区	场所 1（m）	场所 2（m）	场所 3（m）	场所 4（m）	场所 5（m）	场所 6（m）	场所 7（m）	场所 8（m）	避难人口（人）
A_{68}	3192	1974	5763	0	3795	1320	1342	3805	310
A_{69}	3033	2923	6475	604	4302	1892	835	4775	285
A_{70}	3589	2353	6147	547	3737	1281	733	4261	310
A_{71}	4093	3378	7465	1420	4626	2147	396	5105	347
A_{72}	3917	2748	6521	976	3916	1662	0	4495	246
A_{73}	3752	1631	5649	510	2581	564	1292	3101	250
A_{74}	4255	2133	6236	787	3160	668	734	3642	250
A_{75}	4870	2650	6749	1342	3596	1196	600	4106	250
A_{76}	5644	3091	7027	1743	4138	1646	776	4614	250
A_{77}	2006	0	4015	1834	2102	1852	2976	1510	321
A_{78}	2680	660	4653	2494	1501	1771	3623	908	321
A_{79}	2592	492	4558	1285	1863	1292	2412	1952	321
A_{80}	3261	897	5194	1942	1346	1189	3046	1342	320
A_{81}	3859	1896	5873	3504	802	2747	4658	963	418
A_{82}	3911	1514	5891	2575	611	1623	3691	1399	350
A_{83}	4511	2124	6386	3114	0	2286	4288	2082	350
A_{84}	3149	1063	5081	729	2046	786	1826	2550	484
A_{85}	3784	1424	5758	1343	1424	613	2489	1909	484
A_{86}	4362	1935	6340	1241	1919	304	1953	2445	483
A_{87}	4459	2115	6464	1948	761	1108	3123	1973	450
A_{88}	5142	2799	7099	2670	539	1729	3700	2700	450

续表

需求区	场所1（m）	场所2（m）	场所3（m）	场所4（m）	场所5（m）	场所6（m）	场所7（m）	场所8（m）	避难人口（人）
A_{89}	5011	2595	7000	1854	1256	947	2556	2469	450
A_{90}	5475	3088	7495	2516	1096	1655	3139	2943	403
A_{91}	4937	2553	6943	1452	2493	639	1360	3056	495
A_{92}	5680	3194	7691	2212	1821	1293	2242	3074	488
A_{93}	5491	3061	7898	1963	3003	1154	1297	3521	495
A_{94}	5898	3423	8377	2386	2729	1406	1814	3312	328
A_{95}	5805	3499	7855	2381	3352	1672	1394	4000	328
A_{96}	6323	3972	8341	2821	3332	2166	1869	3801	328
A_{97}	6948	4636	8907	3419	3008	2857	2482	4409	495

结合专家意见，根据层次分析法计算各评价指标权重，按疏散距离、场所平均高程、与最近危险源的距离、有效避难面积、场所区位、连通避难疏散道路数量、与医疗机构的距离、与消防站的距离、与物资储备库的距离顺序依次为：（0.2942，0.3333，0.0667，0.0826，0.0232，0.1095，0.0481，0.0324，0.0100）。利用熵值法计算的各评价指标权重按上述顺序依次为：（0.0186，0.1194，0.1428，0.0677，0.0942，0.1375，0.0744，0.1593，0.1861）。再根据式（4-1），可得各评价指标权重依次为：（0.0620，0.4511，0.1079，0.0634，0.0248，0.1706，0.0406，0.0585，0.0211）。

粒子群算法中加速度系数 r_1 取1.5，加速度系数 r_2 取1.0，惯性权重 w 取1.0，速度限制为［-2，2］，最大疏散距离取3000m，粒子规模取5，更新迭代100次结束运行。

利用MATLAB编程，通过多次运行程序，最后得到的结果为：场所1、3、6、8被选为固定避难场所。需求区分配结果（避难场所责任区划分结果）

见表4-8，目标函数值为2.7468，疏散距离总和为141158m。算法迭代次数与目标函数值之间变化关系如图4-2所示，针对该实例迭代51次可得到最优解。

表4-8 河东片区需求区分配到各选定避难场所的计算结果

需求点	场所1	场所2	场所3	场所4	场所5	场所6	场所7	场所8
A_1	1	0	0	0	0	0	0	0
A_2	0	0	1	0	0	0	0	0
A_3	1	0	0	0	0	0	0	0
A_4	1	0	0	0	0	0	0	0
A_5	1	0	0	0	0	0	0	0
A_6	1	0	0	0	0	0	0	0
A_7	1	0	0	0	0	0	0	0
A_8	1	0	0	0	0	0	0	0
A_9	1	0	0	0	0	0	0	0
A_{10}	0	0	1	0	0	0	0	0
A_{11}	1	0	0	0	0	0	0	0
A_{12}	0	0	1	0	0	0	0	0
A_{13}	1	0	0	0	0	0	0	0
A_{14}	1	0	0	0	0	0	0	0
A_{15}	1	0	0	0	0	0	0	0
A_{16}	1	0	0	0	0	0	0	0
A_{17}	1	0	0	0	0	0	0	0
A_{18}	1	0	0	0	0	0	0	0
A_{19}	1	0	0	0	0	0	0	0
A_{20}	1	0	0	0	0	0	0	0
A_{21}	1	0	0	0	0	0	0	0
A_{22}	1	0	0	0	0	0	0	0
A_{23}	1	0	0	0	0	0	0	0

续表

需求点	场所 1	场所 2	场所 3	场所 4	场所 5	场所 6	场所 7	场所 8
A_{24}	1	0	0	0	0	0	0	0
A_{25}	1	0	0	0	0	0	0	0
A_{26}	1	0	0	0	0	0	0	0
A_{27}	1	0	0	0	0	0	0	0
A_{28}	1	0	0	0	0	0	0	0
A_{29}	1	0	0	0	0	0	0	0
A_{30}	1	0	0	0	0	0	0	0
A_{31}	0	0	1	0	0	0	0	0
A_{32}	0	0	1	0	0	0	0	0
A_{33}	0	0	1	0	0	0	0	0
A_{34}	0	0	1	0	0	0	0	0
A_{35}	0	0	1	0	0	0	0	0
A_{36}	0	0	1	0	0	0	0	0
A_{37}	0	0	1	0	0	0	0	0
A_{38}	0	0	1	0	0	0	0	0
A_{39}	0	0	1	0	0	0	0	0
A_{40}	1	0	0	0	0	0	0	0
A_{41}	1	0	0	0	0	0	0	0
A_{42}	1	0	0	0	0	0	0	0
A_{43}	0	0	1	0	0	0	0	0
A_{44}	0	0	0	0	0	0	0	1
A_{45}	0	0	0	0	0	0	0	1
A_{46}	0	0	1	0	0	0	0	0
A_{47}	1	0	0	0	0	0	0	0
A_{48}	1	0	0	0	0	0	0	0
A_{49}	1	0	0	0	0	0	0	0

续表

需求点	场所 1	场所 2	场所 3	场所 4	场所 5	场所 6	场所 7	场所 8
A_{50}	1	0	0	0	0	0	0	0
A_{51}	1	0	0	0	0	0	0	0
A_{52}	1	0	0	0	0	0	0	0
A_{53}	0	0	0	0	0	0	0	1
A_{54}	0	0	0	0	0	0	0	1
A_{55}	0	0	0	0	0	0	0	1
A_{56}	0	0	0	0	0	0	0	1
A_{57}	0	0	0	0	0	0	0	1
A_{58}	1	0	0	0	0	0	0	0
A_{59}	1	0	0	0	0	0	0	0
A_{60}	1	0	0	0	0	0	0	0
A_{61}	1	0	0	0	0	0	0	0
A_{62}	1	0	0	0	0	0	0	0
A_{63}	1	0	0	0	0	0	0	0
A_{64}	1	0	0	0	0	0	0	0
A_{65}	1	0	0	0	0	0	0	0
A_{66}	1	0	0	0	0	0	0	0
A_{67}	0	0	0	0	0	1	0	0
A_{68}	0	0	0	0	0	1	0	0
A_{69}	0	0	0	0	0	1	0	0
A_{70}	0	0	0	0	0	1	0	0
A_{71}	0	0	0	0	0	1	0	0
A_{72}	0	0	0	0	0	1	0	0
A_{73}	0	0	0	0	0	1	0	0
A_{74}	0	0	0	0	0	1	0	0
A_{75}	0	0	0	0	0	1	0	0

续表

需求点	场所 1	场所 2	场所 3	场所 4	场所 5	场所 6	场所 7	场所 8
A_{76}	0	0	0	0	0	1	0	0
A_{77}	1	0	0	0	0	0	0	0
A_{78}	0	0	0	0	0	0	0	1
A_{79}	0	0	0	0	0	1	0	0
A_{80}	0	0	0	0	0	1	0	0
A_{81}	0	0	0	0	0	0	0	1
A_{82}	0	0	0	0	0	1	0	0
A_{83}	0	0	0	0	0	1	0	0
A_{84}	0	0	0	0	0	1	0	0
A_{85}	0	0	0	0	0	1	0	0
A_{86}	0	0	0	0	0	1	0	0
A_{87}	0	0	0	0	0	1	0	0
A_{88}	0	0	0	0	0	1	0	0
A_{89}	0	0	0	0	0	1	0	0
A_{90}	0	0	0	0	0	1	0	0
A_{91}	0	0	0	0	0	1	0	0
A_{92}	0	0	0	0	0	1	0	0
A_{93}	0	0	0	0	0	1	0	0
A_{94}	0	0	0	0	0	1	0	0
A_{95}	0	0	0	0	0	1	0	0
A_{96}	0	0	0	0	0	1	0	0
A_{97}	0	0	0	0	0	1	0	0

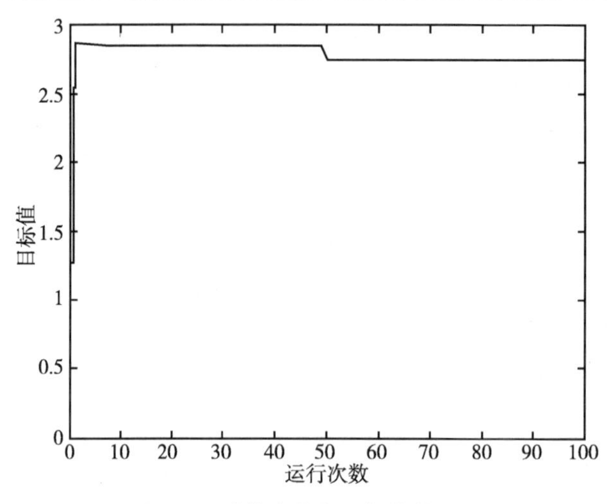

图 4-2　迭代次数与目标值关系图

4.5　本章小结

利用第二章提出的选址适宜性评价指标体系和评价标准，建立了综合避难场所灾害风险、区位规模和防灾救灾设施等因素的，基于多目标规划的选址评价、布局优化与责任区划分综合模型。该模型考虑了避难场所容量限制，疏散距离限制，任何需求区仅在一处避难场所获得避难服务且均被场所服务范围覆盖等约束条件。模型中各指标权重的确定应用了层次分析法与熵值法相结合的方法。模型求解利用改进的粒子群算法，在初始化粒子群和更新位置时，尽量减少避难场所数量，去掉对适应度值影响大的备选区，从而加快了求解收敛速度。为避免陷入局部最优，每次更新后，调整部分疏散距离大的需求区，使其分配到离其最近被利用的备选区，解决了难以在多项式内求得最优解的问题。

4.6 本章附录

```
clear all
w= [0.0467 0.8843 0.0381 0.0233 0.0076];%定义权重信息
w2=w;
w2 (1) = [];%定义除了距离的权重
eij= [0.637036265 0.108552113 0.240661705 0.334276107 0.600601273
0.522555358 0.015700747 0.209758728 0.151712 0.495437042
0.61797307 0.050922511 0.152042649 0.259460381 0.476055915
0.369370698 0.209929139 0.105751769 0.003120819 0.291884344
0.498344211 0.286978019 0.036356145 0.139684001 0.219164424
0.224922806 0.366804352 0.265068699 0.132089245 0.193167771
0.338917913 0.367816647 0.263903796 0.184514938 0.061322698
0.13415453 0.451636205 0.339864078 0.221552728 0.151065962
0.203239853 0.476399282 0.366689897 0.301913187 0.109584756
0.024765621 0.600855618 0.488483236 0.360555084 0.290854245
0.004547697 0.623843364 0.511855043 0.439430164 0.361257077
0.106110396 0.642535214 0.502062742 0.505877924 0.334113326
0.10214515 0.724289486 0.611479629 0.510972465 0.41863742
0.232916885 0.795997111 0.718050391 0.604658083 0.510509556];%需求区到避难场所距离归一化后数据
dij= [2600.35 522.53 1041.94 1410 2457.1
2150.25 157.47 920.44 692.22 2043.63
2525.4 295.95 693.52 1115.85 1967.43
1547.98 921.11 511.52 108.01 1243.33
2055.06 1224.04 238.68 644.93 957.42
980.06 1537.89 1137.9 615.07 855.21
1428.25 1541.87 1133.32 821.19 336.84
```

```
623.19    1871.42    1431.97    966.81    689.68
894.81    1968.78    1537.44    1282.76    526.59
193.11    2458.1    2016.29    1513.32    1239.28
113.62    2548.48    2108.18    1823.43    1516.08
512.93    2621.97    2069.68    2084.68    1409.36
497.34    2943.4    2499.87    2104.71    1741.68
1011.49    3225.33    2918.87    2473.05    2102.89];%需求区到避难场所距离
vi=[5500    4000    6000    4500    8000];%避难场所容量
ci=[640    840    840    1640    1240    880    720    1640    840    480    600
600    640    1240];%需求区需求量
bij=[1    0    0.002992777    0.3588675    0.642398137
0    1    0.847314868    0.515731669    0.268083277
0    0    1    0    0.5
0.364751744    0.009314731    0.594419368    0    1
];%其他指标归一化数据
D=2500;%定义需求区到其避难场所的距离最大值
%定义变量
xij=zeros(14, 5);%定义需求区分配变量
yi=zeros(1, 5);%定义避难场所选取变量
%定义微粒群算法参数
gm=5;%定义微粒群规模
wlq1=zeros(14, 5, 5);%定义10个微粒结构
wlq2=zeros(1, 6, 5);%定义10个微粒结构
c1=1.5;%定义加速系数c1
c2=1;%定义加速系数c2
gxqz=1;%惯性权重
xxx=0;
yyy=0;
%**********************************%
```

```
chushixij=zeros（14，5，5）;%定义 10 个解结构
chushiyi=zeros（1，5，5）;%定义 10 个解结构
aaa=w2*bij;%计算 w2 部分各场所的加权平均值
[cspjpx1，cspjpx2] =sort（aaa）;
cspjpx2=fliplr（cspjpx2）;%场所评价排序
bbb=w（1）*eij;%计算 w1 部分各场所的加权平均值
a=1;
while 1;%随机生成 gm 个初始可行解
if a==gm+1
break
end
chushivi=vi;%定义每个候选场所的初始容量
chushixij（:,:，a）=zeros（14，5）;%定义第 a 个解结构
chushiyi（:,:，a）=zeros（1，5）;%定义第 a 个解结构
sjcs=randperm（14）;%随机产生 1~65 不重复数组
for i=sjcs;%为每个需求点随机分配候选场所，并满足候选场所容量限制，满足避难距
离最大限制
[jlpx1，jlpx2] =sort（dij（i,:））;%需要分配需求点到各避难场所距离排序
for j=jlpx2;%直到找到可行解才跳出循环
if chushivi（j）-ci（i）>=0  && dij（i，j）<=D;%满足可行解的条件就跳出循环:
满足候选场所容量限制，满足避难距离最大限制
chushivi（j）=chushivi（j）-ci（i）;%初始容量被替换
chushixij（i，j，a）=1;%指定第 a 个解中，第 i 个需求点的避难位置
chushiyi（1，j，a）=1;%备选的场所已被选取标记
break;
end
end
end
if min（max（chushixij（:,:，a）'））==1
```

```
for d=cspjpx2;%尽量使避难场所数量最少
xqtz=find (chushixij (:, d, a) ==1);%找到需要调整的需求点位置
tzhwz=zeros (1, length (xqtz) );%定义调整后的位置
chushiyi (1, d, a) =0;%不满足人均有效避难面积约束的场所提出掉
qbsyrl=chushivi;%定义各场所初始剩余容量
sjpx=randperm (length (xqtz) );%随机排序
for e=1: 1: length (xqtz)
[jlpx1, jlpx2] =sort (dij (xqtz (sjpx (e) ),:) );%需要调整的需求点，其到各避难场所距离排序
f=0;
for e1=1: 1: 5;%按距离最短寻找另外的避难场所
b=jlpx2 (e1);
if chushiyi (1, b, a) ==1 && qbsyrl (b) -ci (xqtz (sjpx (e) ) ) >=0  && dij (xqtz (sjpx (e) ), b) <=D;%满足可行解的条件就跳出循环：满足候选场所容量限制，满足避难距离最大限制
qbsyrl (b) =qbsyrl (b) -ci (xqtz (sjpx (e) ) );%初始容量被替换
tzhwz (sjpx (e) ) =b;%调整标记
break
end
if e1==5
f=1;
break
end
end
if f==1
chushiyi (1, d, a) =1;
break;%无可行解，跳出选择分配
end
end
```

```
if f = =0
chushivi=qbsyrl;
for g=1：1：length（xqtz）
chushixij（xqtz（g），tzhwz（g），a）=1;%指定第a个解中，第i个需求点的避难位置
chushixij（xqtz（g），d，a）=0;%取消原来的分配
end
end
end
gjsyz=sum（sum（chushixij（:,:，a）.* eij））* w（1） + sum（w2* bij. * chushiyi
（:,:，a））;%该解适应值
wlq2（1,:，a）=［chushiyi（:,:，a）gjsyz］;%计算部分微粒群位置
a=a+1;
elsc
continue
end
end
wlq1=chushixij;%初始微粒群各自最优位置
qjzysyz=find（wlq2（:，6,:）= =min（wlq2（:，6,:）））;%寻找全局适应值的位置
qjzhwz1=chushixij（:,:，qjzysyz（1））;%全局最优x
qjzhwz2=wlq2（:,:，qjzysyz（1））;%全局最优y和适应度
%*********************************************
*****************%
ccc=zeros（2，5，14）;%d定义各需求点到各避难场所的加权平均
for i=1：1：14
［ccc（2,:，i），ccc（1,:，i）］=sort（bbb（i,:））;
end
sjsd=zeros（14，5）;%定义初始速度
for x=1：150
x
```

```
for i=1: 1: 5
for j=1: 1: 14
zszy=find (wlq1 (j,:, i) ==1);%各自最优中该场所被分配给哪个候选场所
a=find (ccc (1,:, j) ==zszy);%各自最优中该场所在该需求点加权中的位置
zszy=find (chushixij (j,:, i) ==1);%初始中该场所被分配给哪个候选场所
b=find (ccc (1,:, j) ==zszy);%初始中该场所在该需求点加权中的位置
zszy=find (qjzhwz1 (j,:) ==1);%全局最优中该场所被分配给哪个候选场所
c=find (ccc (1,:, j) ==zszy);%全局最优中该场所在该需求点加权中的位置
sjsd (j, i) =round (gxqz*sjsd (j, i) +c1*rand* (a-b) +c2*rand* (c-b) );%产生速度
if sjsd (j, i) >=2;%对速度进行调整
sjsd (j, i) =2;
elseif sjsd (j, i) <=-2
sjsd (j, i) =-2;
end
d=b+sjsd (j, i);%产生位置
if d>5;%对速度进行调整
d=5;
elseif d<1
d=1;
end
chushixij (j, ccc (1, b, j), i) =0;%对初始位置进行调整
chushixij (j, ccc (1, d, j), i) =1;%对初始位置进行调整
end
end
chushiyi=zeros (1, 5, 5);%定义 10 个解结构
for xx=1: 1: 5
chushivi=vi-ci'*chushixij (:,:, xx);%定义每个候选场所的初始容量
sjcs=randperm (14);%随机产生 1 到 65 不重复数组
```

```
for i=sjcs;%按照避难距离最大限制调整位置
b=find (chushixij (i,:, xx) ==1);%需求点被分配的候选场所位置
if dij (i, b) <=D
chushiyi (1, b, xx) =1;%备选的场所已被选取标记
else
[jlpx1, jlpx2] =sort (dij (i,:));%需要调整的需求点，其到各避难场所距离排序
for e1=1: 1: 5;%按距离最短寻找另外的避难场所
c=jlpx2 (e1);
if dij (i, c) <=D;%满足可行解的条件就跳出循环：满足候选场所容量限制，满足避难距离最大限制
chushiyi (1, c, xx) =1;%备选的场所已被选取标记
chushixij (i, b, xx) =0;%对初始位置进行调整
chushivi (b) =chushivi (b) +ci (i);%调整剩余容量
chushixij (i, c, xx) =1;%对初始位置进行调整
chushivi (c) =chushivi (c) -ci (i);%调整剩余容量
break
end
end
end
end
for i=1: 1: 3
[c, d] =find (chushixij (:,:, xx) .* dij ==max (max (chushixij (:,:, xx) .* dij)));%寻找距离最大的进行调整
[sja1, sja] =sort (dij (c (1),:));%按照距离降序排序，先调出距离大的
for e1=1: 1: 5;%按距离最短寻找另外的避难场所
if chushiyi (1, sja (e1), xx) ==1 && dij (c (1), sja (e1)) <=D;%满足可行解的条件就跳出循环：满足候选场所容量限制，满足避难距离最大限制
chushixij (c (1), d (1), xx) =0;%对初始位置进行调整
chushivi (d (1)) =chushivi (d (1)) +ci (c (1));%调整剩余容量
```

```
chushixij（c（1），sja（e1），xx）=1;%对初始位置进行调整
chushivi（sja（e1））=chushivi（sja（e1））-ci（c（1））;%调整剩余容量
break
end
end
end
while min（vi-ci′*chushixij（:,:，xx））<0;%按照容量限制调整位置
[c，d] =find（vi-ci′*chushixij（:,:，xx）==min（vi-ci′*chushixij（:,:，xx）））;
xqtz=find（chushixij（:，d（1），xx）==1）;%找到需要调整的需求点位置
sja=randperm（length（xqtz））;%随机产生1到xqtz长度的数，不重覆
[jlpx1，jlpx2] =sort（dij（xqtz（sja（1）），:））;%需要调整的需求点，其到各避难场所距离排序
for e1=1：1：5;%按距离最短寻找另外的避难场所
c=jlpx2（e1）;
if chushivi（c）-ci（xqtz（sja（1）））>=0 && dij（xqtz（sja（1）），c）<=D;%满足可行解的条件就跳出循环：满足候选场所容量限制，满足避难距离最大限制
chushixij（xqtz（sja（1）），d（1），xx）=0;%对初始位置进行调整
chushivi（d（1））=chushivi（d（1））+ci（xqtz（sja（1）））;%调整剩余容量
chushixij（xqtz（sja（1）），c，xx）=1;%对初始位置进行调整
chushiyi（1，c，xx）=1;%标记已安排
chushivi（c）=chushivi（c）-ci（xqtz（sja（1）））;%调整剩余容量
break
end
end
end
for d=cspjpx2;%尽量使避难场所数量最少
xqtz=find（chushixij（:，d，xx）==1）;%找到需要调整的需求点位置
tzhwz=zeros（1，length（xqtz））;%定义调整后的位置
chushiyi（1，d，xx）=0;%不满足人均有效避难面积约束的场所提出掉
```

```
qbsyrl=chushivi;%定义各场所初始剩余容量
sjpx=randperm（length（xqtz））;%随机排序
for e=1：1：length（xqtz）
[jlpx1，jlpx2] =sort（dij（xqtz（sjpx（e）），:））;%需要调整的需求点，其到各避难场所距离排序
f=0;
for e1=1：1：5;%按距离最短寻找另外的避难场所
b=jlpx2（e1）;
if chushiyi（1，b，xx）==1 && qbsyrl（b）-ci（xqtz（sjpx（e）））>=0 && dij（xqtz（sjpx（e）），b）<=D;%满足可行解的条件就跳出循环：满足候选场所容量限制，满足避难距离最大限制
qbsyrl（b）=qbsyrl（b）-ci（xqtz（sjpx（e）））;%初始容量被替换
tzhwz（sjpx（e））=b;%调整标记
break
end
if e1==5
f=1;
break
end
end
if f==1
chushiyi（1，d，xx）=1;
break;%无可行解，跳出选择分配
end
end
if f==0
chushivi=qbsyrl;
for g=1：1：length（xqtz）
chushixij（xqtz（g），tzhwz（g），xx）=1;%指定第 a 个解中，第 i 个需求点的避难
```

```
位置
chushixij（xqtz（g），d，xx）=0;%取消原来的分配
end
end
end
syz=sum（sum（chushixij（:,:，xx）.*eij））*w（1）+sum（w2*bij.*chushiyi
（:,:，xx））;%该解适应值
if syz<wlq2（1，6，xx）
wlq2（1,:，xx）=[chushiyi（:,:，xx）syz];%调整该微粒的最佳位置和适应度
wlq1（:,:，xx）=chushixij（:,:，xx）;%调整该微粒的最佳位置和适应度
end
if syz<qjzhwz2（1，6）
qjzhwz1=chushixij（:,:，xx）;%调整全局最优 x
qjzhwz2=[chushiyi（:,:，xx）syz];%调整全局最优 y 和适应度
end
end
xxx=[xxx x];%x 轴坐标
yyy=[yyy qjzhwz2（1，6）];%y 轴坐标
disp（'全局最优解'）
qjzhwz1
qjzhwz2
end
plot（xxx，yyy）;
ylabel（'目标值'）;
xlabel（'运行次数'）
```

第五章　基于双层规划的避难场所选址优化与责任区划分方法

现有避难场所选址规划和责任区划分的研究，多数是从政府角度考虑避难场所系统的建设成本、疏散效率和公平性等要求，建立多目标优化模型（见3.1节）进行选址优化和责任区划分。但是，在灾害避难实践中发现，避难人员并不是完全按照政府规划指定的场所避难疏散，其个体避难行为还有开放性、最近距离选择性（如图5-1所示）和危险回避性等显著特点。因此，对于避难场所选址优化与责任区划分，还需要考虑决策的层次性问题。

图5-1　汶川地震后居民在倒塌住宅旁搭建的避难窝棚

不同决策者有不同的目标，决策者之间也并不是完全独立的，存在一定的上、下级关系。政府决策者从备选避难场所中选择避难场所时，应考虑选取的避难场所适宜性好、总数量少，并且在一定避难疏散距离限制下，满足本地区所有避难人员的需求等目标；而避难人员在政府决策者确定的避难场所中，考虑选择距离最近的场所就近避难。本章针对避难场所规划决策的层次性特点，采用第二章提出的固定避难场所选址适宜性评价指标，建立考虑避难场所适宜性的选址优化和责任区划分双层规划模型，并给出了求解算法。

5.1 双层规划基础理论

双层规划是双层决策问题的数学模型，它是一种具有二层递阶结构的系统优化问题。在双层规划模型中，上层问题、下层问题都有各自的目标函数和约束条件。上层问题的目标函数和约束条件不仅与上层决策变量有关，而且还依赖于下层问题的最优解，而下层问题的最优解又受到上层决策变量的影响。在双层规划中，各个层次都有自主权，有自己的目标。这些目标往往是相互矛盾的，上层的决策对下层有一定的影响，但又不是完全控制，下层的决策对上层的决策也会有影响，两个层次又是相互联系、不可分割的。

随着实际问题的规模越来越大，结构越来越复杂，涉及对问题做出决策的主体也越来越多，而且，这些决策者各自处于不同的层次上。J. Bracken 和 J. McGill 在 1973 年首次提出了双层规划的数学模型，W. Candler 和 R. Norton 在 1977 年正式给出了双层规划的定义。在双层规划中，高一级决策机构（者）自上而下地对下一级决策机构（者）行使某种控制、引导权，下一级决策机构（者）在这一前提下，也可以在其管理职责范围内行使一定的决策权，这种决策权处于相对从属的地位。另外，在这种多层次决策系统中，每一级都有自身的目标函数，越高层机构的决策目标最重要、最权威、最具有全局性。因此，最终的决策结果往往是寻求使各层决策机构之间达到“最优”，即一方面可使较低层决策机构的目标达到“最优”，另一方面又可使作为上级决策机构的目标相应达到“最优”，下层决策以上层决策变量为参数，一般称具有以上基本特征的决策问题为主从递阶（或多层）决策问题，也就是通常所说的多层规划问题。

最为常见且得到广泛研究与应用的是二层规划问题，即考虑只有两层决策者的情形。其基本模型如下。

$$\text{U}: \text{Min}F(x, y) \tag{5-1}$$

$$\text{s.t. } G(x, y) \leqslant 0 \tag{5-2}$$

其中：$y = y(x)$ 是下面规划问题的解：

$$\text{L}: \text{Min}f(x, y) \tag{5-3}$$

$$\text{s.t. } g(x, y) \leqslant 0 \tag{5-4}$$

在管理决策领域，只顾自己的局部利益，而忽略了整体的利益，是一个普遍存在的问题。二层规划的特点恰恰是从整体的角度出发，兼顾全局，希望达到整体最优。双层规划已被用于多个领域，如资源分配、生产计划等。应用结果表明：双层规划数学模型比单一层次的模型更能反映实际，是解决复杂系统问题的有效手段。

目前，已有国外学者利用双层规划模型来尝试解决避难场所规划问题，如 Kongsomsaksakul 等考虑了交通流量的限制，建立了总疏散时间最短与每个避难者疏散时间最短的二层规划模型；Anna 等建立了基于情景的双层规划模型，进行避难场所选址优化和选择疏散路径。

5.2　基于双层规划的选址优化与责任区划分模型

5.2.1　建模思路

首先，通过评估规划范围可利用场所的灾害风险，选定安全的备选避难场所；其次，建立双层规划选址模型。其双层规划中的主方是政府部门，其策略是提出避难场所的选址方案，即从备选难场所中选择最佳的避难场所集合，使其能在一定时间（距离）内完成本区域所有避难人员疏散，并且场所的适宜性好、总数量少（成本低）。从方是避难人员，其根据主方的策略，按照就近避难原则，选择就近的避难场所避难。

主方考虑的是选址决策问题，从方考虑的是避难场所责任区划分问题，这也是该模型需要解决的两个问题。

5.2.2　基本假设

为使避难场所选址问题简单化，易于建立数学模型，需进行如下合理假设：

（1）已知备选避难场所和需求区位置，并且是离散非连续的；

（2）居住区、商业区等避难需求区到备选避难场所的距离为出入口间最短路网距离；

（3）已知每个需求区的人口数量，已知每个备选避难场所容量；

（4）每个避难场所接收的避难人数不能超出该场所容量；

（5）任一避难需求区的所有避难人员均在，且仅在一处避难场所避难。

5.2.3　模型参数

I 为避难需求区集合 $\{i \mid i=1, 2, \cdots, m\}$ ，需求区 i 的避难人数为 s_i ；

J 为备选避难场所集合 $\{j \mid j=1, 2, \cdots, n\}$ ，备选避难场所 j 的最大避难容量为 v_j ；

K 为政府决策需考虑的场所适宜性影响因素集合 $\{k \mid k=1, 2, \cdots, l\}$ ，第 k 个因素权重为 w_k ；

d_{ij} 为需求区 i 到备选避难场所 j 的最短路网距离，$i \in I$，$j \in J$；

a_{jk} 为第 j 个备选避难场所对应第 k 个适宜性影响因素的数值，其规范

化后为 b_{jk} ,$j \in J$, $k \in K$；

x_{ij} 表示需求区 i 是否在备选避难场所 j 处避难，如果是其值为 1，否则为 0；

y_j 表示备选避难场所 j 是否被选为避难场所，如果是其值为 1，否则为 0。

场所适宜性影响因素权重，可利用本书第二章中属性权重的计算方法求得。它是一种主观与客观相结合的权重求取方法，根据专家经验主观给出各属性权重的取值范围，再遵循悲观准则利用理想点法的原理求取权重。该方法可降低决策风险，并且求解简单。

为达到选取场所数量少的目标，上层规划模型是求极小值，这使数据规范化处理时，成本型指标和效益型指标的变换公式与目标为极大值的变换公式不同。成本型指标可根据式（5-5）计算，效益型指标可根据式（5-6）计算。

$$b_{jk} = \frac{a_{jk} - \min_{k}\{a_{jk}\}}{\max_{k}\{a_{jk}\} - \min_{k}\{a_{jk}\}} \tag{5-5}$$

$$b_{jk} = \frac{\max_{k}\{a_{jk}\} - a_{jk}}{\max_{k}\{a_{jk}\} - \min_{k}\{a_{jk}\}} \tag{5-6}$$

5.2.4　建立双层规划模型

1. 上层模型

双层规划中的主方是政府部门，上层规划（U）的目标是从备选集合中选择避难场所，使其能在一定时间（距离）内满足规划区域所有避难人员的避难需求，并且所选择场所的适宜性好，总数量少（成本低），其数学模型表示为

$$\min Z_1 = \sum_{j \in J}(y_j \cdot \sum_{k \in K}(w_k \cdot b_{jk})) \tag{5-7}$$

$$\text{s.t.} \quad \sum_{j \in J} x_{ij} = 1, \ \forall i \in I \tag{5-8}$$

$$x_{ij} - y_j \leqslant 0, \forall i \in I, \forall j \in J \tag{5-9}$$

$$\sum_{i \in I}(x_{ij} \cdot s_i) - y_j \cdot v_j \leqslant 0, \forall j \in J \tag{5-10}$$

$$x_{ij} \cdot d_{ij} \leqslant D, \forall i \in I, \forall j \in J \tag{5-11}$$

$$x_{ij} = 0 \text{或} 1, y_j = 0 \text{或} 1 \tag{5-12}$$

式（5-7）为上层规划目标函数，表示选择的避难场所适宜性评价值；约束式（5-8）保证任何一需求区均在且仅在一处避难场所获得避难服务；约束式（5-9）保证任何需求区只能在选中的避难场所获得避难服务；约束式（5-10）确保被选中避难场所接受的避难人数不超过该场所的容量；约束式（5-11）保证任何一需求区到服务其避难场所的距离小于标准要求最大疏散距离 D；约束式（5-12）为分配变量和选址变量的限制条件。

需要说明的是，目标函数中考虑的选址适宜性指标有与危险源的距离、连通的避难道路、与医疗机构的距离、与消防站的距离以及与物资储备库的距离。地震地质灾害与地形状况两个指标在灾害风险评价时已考虑，符合安全性要求备选避难场所的这两个因素的区分度不大，上层规划不再考虑。指标中场所位置在约束式（5-11）中体现，场所规模在约束式（5-10）中体现。

2. 下层模型

处于从方地位的是避难人员，其根据主方的策略，选择最近的避难场所避难。下层规划（L）的目标是每个避难人员疏散距离最短，即所有人总疏散距离最短，其数学模型表示为

$$\min Z_2 = \sum_{i \in I} s_i \cdot \left(\sum_{j \in J}(x_{ij} \cdot d_{ij})\right) \tag{5-13}$$

$$\text{s. t.} \quad \sum_{j \in J} x_{ij} = 1, \forall i \in I \tag{5-14}$$

$$x_{ij} - y_j \leqslant 0, \forall i \in I, \forall j \in J \tag{5-15}$$

$$x_{ij} = 0 \text{或} 1 \tag{5-16}$$

式（5-13）为下层规划目标函数，表示所有人总疏散距离最短；约束式（5-14）保证任何一需求区均在且仅在一处避难场所获得避难服务；约

束式（5-15）保证任何需求区只能在选中的避难场所获得避难服务；约束式（5-16）为分配变量的限制条件。

需要说明的是，（L）中的 y_j 为上层规划（U）的计算结果。

5.3 模型求解

政府部门作为上层决策者，首先给出决策变量 y_j 的值，避难人员作为下层跟随者，将上层决策结果作为输入参数，改变下层决策变量 x_{ij} 的值。如果选址结果受到避难人员决策的影响，那么上层决策者可以调整他们的选址决策，此过程反复循环，直到避难场所选址结果不再改变，得到双层规划的均衡解。

上层规划比下层规划多了约束式（5-10）和式（5-11）。当上层决策者根据（U）给出 y_j 的值时，由于约束式（5-11）的限制，对于任何一个需求区都可以在 D 范围内找到至少一个已选定的避难场所，（L）中的需求区是在上层决策者已选定的避难场所内，寻找最近的避难场所，可见（L）计算出来的 x_{ij} 一定满足约束式（5-11）。所以，在判断（L）的结果是否对（U）的选址结果产生影响，主要看（L）的结果是否满足约束式（5-10）。

由于一般的双层规划为 NP-hard 问题，不存在多项式时间求解算法，这里利用 LINGO 软件，按照如下步骤求解，其中 ε 为一个极小正数。

步骤 1：求解上层规划，计算初始 y_j^0 和 Z_1^0，令迭代次数 $p=0$。

步骤 2：对于给定的 y_j^p，求解下层规划，得到 x_{ij}^p。

步骤 3：检查 x_{ij}^p、y_j^p 是否满足约束式（5-10）。如果满足，终止计算；否则，将约束 $Z_1 \geqslant Z_1^p + \varepsilon$ 加入上层规划约束中，得到新的 y_j^{p+1} 和 Z_1^{p+1}，转到步骤 2。

5.4 算例

以某城市某区域避难场所选址为例，拟从6个备选固定避难场中选择适宜性较好的最少数量场所，以满足该区域的避难需求。备选避难场所规模数据和适宜性评价原始数据见表5-1和表5-2，需求区的避难人数及其与备选避难场所的最短路网距离见表5-3。

表5-1　备选固定避难场所规模数据

避难场所编号	场所A	场所B	场所C	场所D	场所E	场所F
场所容量（人）	10000	12000	6000	50000	13500	30000

表5-2　备选避难场所适宜性评价原始数据

评价指标	场所A	场所B	场所C	场所D	场所E	场所F
与危险源的距离（m）	287.62	1759.82	1381.42	1137.58	774.60	1526.56
连通的避难道路（条）	2	4	4	2	4	2
与医疗机构的距离（m）	1969.61	293.14	0	542.47	1108.37	1623.81
与消防站的距离（m）	2015.66	1237.24	829.81	372.55	1146.16	2502.96
与物资储备库距离（m）	1096.74	437.87	672.25	512.65	1256.66	864.45

表5-3　需求区的避难人数及其与备选避难场所的最短路网距离

需求区	场所A（m）	场所B（m）	场所C（m）	场所D（m）	场所E（m）	场所F（m）	避难人口（人）
1	1645	1506	1524	1616	2481	2560	480
2	2120	700	774	981	1857	1813	480
3	1261	1442	1571	1740	2705	2696	880
4	936	1329	924	1243	2056	2266	880
5	1373	1410	1571	1762	2646	2601	640

续表

需求区	场所 A（m）	场所 B（m）	场所 C（m）	场所 D（m）	场所 E（m）	场所 F（m）	避难人口（人）
6	1171	1362	895	1127	1999	2080	640
7	881	1681	933	1164	2019	2648	880
8	877	2082	1477	787	2033	2986	920
9	1136	1562	848	1057	1943	2490	560
10	1032	2025	1477	770	1736	2931	1560
11	1914	850	1108	1295	2151	2140	440
12	1657	1209	1167	1569	2252	2168	4027
13	1396	990	614	959	1735	1903	1000
14	1434	1096	474	684	1559	2145	1000
15	1367	1765	1089	462	1243	2623	1440
16	1881	724	931	1133	2015	1899	920
17	1629	872	350	749	1435	1629	1040
18	1582	926	245	301	1344	1881	600
19	1674	1003	794	123	832	1748	320
20	1758	928	96	301	1190	1530	920
21	1695	1441	784	158	978	2304	960
22	2611	344	851	1353	1481	1439	1640
23	2839	559	1074	1582	1255	1217	360
24	3070	862	1373	1876	1552	913	520
25	3352	1086	1599	2101	1779	946	520
26	2778	454	903	1408	1447	1457	4027
27	2154	396	312	813	812	1438	360
28	2931	678	1201	1696	1127	1332	1640
29	3088	806	1241	1858	1465	989	1600
30	3305	1059	1503	2027	1986	757	640

续表

需求区	场所 A（m）	场所 B（m）	场所 C（m）	场所 D（m）	场所 E（m）	场所 F（m）	避难人口（人）
31	3302	1323	1409	2442	1711	339	640
32	2849	1519	1555	1692	1573	489	840
33	2719	1210	836	1419	1118	898	840
34	2768	1029	1220	1685	1406	515	840
35	2796	1394	1135	1516	1317	679	1240
36	2470	1098	757	1489	936	1084	720
37	2538	707	941	1408	1147	786	480
38	2295	913	537	1108	793	1167	840
39	2242	914	423	650	786	1454	880
40	2338	1462	1088	879	418	1594	840
41	2638	1768	1395	1186	760	1229	480
42	2895	2329	1957	1745	1330	1627	480
43	3064	2149	1777	1515	1089	1279	640
44	1052	1606	1766	2064	3376	3285	640
45	964	1605	1767	1762	2896	2736	1240
46	650	2065	1936	1363	3344	3301	2480
47	512	2566	1740	1063	2922	2734	2080
48	858	1175	1368	1463	2702	4027	2080
49	205	1177	1336	1162	2527	3479	2120
50	133	1605	1476	762	2441	3864	2520
51	571	2425	1617	762	1973	3301	2480

结合专家组意见给出表 5-2 中各指标权重的取值范围依次为：$0.3 \leqslant w_1 \leqslant 0.4$，$0.1 \leqslant w_2 \leqslant 0.2$，$0.1 \leqslant w_3 \leqslant 0.25$，$0.1 \leqslant w_4 \leqslant 0.2$，$0.1 \leqslant w_5 \leqslant 0.15$，求得指标权重向量为 $\boldsymbol{w} = (0.3,\ 0.2,\ 0.25,\ 0.15,\ 0.1)^{\mathrm{T}}$。

本算例中 D 取值为 3000m，求解上层规划，计算得到初始 $y^0 = (0, 1, 0, 1, 0, 0)$，$Z_1^0 = 0.5028758$。根据 y^0 求解下层规划，得到的分配结果见表 5-4。可见，避难场所 2 实际容纳的人数大于其容量限制，不满足约束式（5-10）。根据计算精度和算例具体情况，ε 取值为 0.00001，将约束 $Z_1 \geqslant Z_1^0 + \varepsilon$ 加入上层规划约束中，按设计的求解步骤继续计算。通过迭代 5 次，可以得到最终的均衡解，其选址分配结果见表 5-5。选择的 2 个避难场所适宜性综合值为 1.060526，总疏散距离为 4.1048×10^7m。

表 5-4　责任区初始分配结果

选择的避难场所	场所服务的需求区	实际容纳人数（人）	场所容量（人）
场所 B	1~7，9，11~14，16，17，22~46，48，49	43494	12000
场所 D	8，10，15，18~21，47，50，51	13800	50000

表 5-5　责任区最终分配结果

确定的避难场所	场所服务的需求区	实际容纳人数（人）	场所容量（人）
场所 D	1~21，27，39，40，44~51	38307	50000
场所 F	22~26，28~38，41~43	18987	30000

5.5　本章小结

针对现有避难场所选址规划和责任区划分中，存在决策层次单一和避难场所适宜性考虑不足的问题，建立了可实现选址优化和责任区划分的双层规划选址模型，并给出了求解方法。模型考虑了该问题决策的层次性和避难场所适宜性影响因素，从整体角度出发，兼顾全局，使规划结果很好地达到了整体最优，比单一层次的模型更能反映规划实际情况。

第六章　基于 GIS 的避难场所规划决策支持系统

地理信息系统（Geographical Information System，GIS）是一门集地理学、计算机图形学等多门学科为一体的技术，是对地理数据进行有效管理与分析的计算机系统。决策支持系统（Decision Support System，DSS）是辅助决策者通过数据、模型、知识以人机交互方式进行半结构化或非结构化决策的计算机应用系统。空间决策支持系统（Spatial Decision Support System，SDSS）作为一个新兴科学技术领域，是在已有地理信息系统和决策支持系统的基础上发展起来的，在国土规划、场址选择、灾害评价等方面得到了越来越多的应用。

空间决策支持系统通常由五个部分构成：人机接口、数据库、模型库、知识库和方法库。在这五个部分的基础上又开发了各自的管理系统，即人机交互系统、数据库管理系统、模型库管理系统、知识库管理系统和方法库管理系统。在系统中各库之间的关系是并列且互相调用的，如模型库的参数可以从数据库中提取，模型计算结果最终也返回到数据库；模型库中的数学模型和数据处理模型作为知识的一种形式即过程性知识，可加入到知识推理中去；人机交互子系统作为系统的总控模块，与其余三个系统存在双向调用关系。

本章为提高本书前几章避难场所规划模型的可操作性和应用性，以空间决策支持系统理论为指导核心，以 C#编程语言和 ArcGIS 为平台，设计并开发行业内通用的避难场所规划决策支持系统，力求为规划的编制提供强大的数据管理平台、数据分析工具、模型开发与技术分析平台和规划成果展示平台，提高避难场所规划的信息化、自动化和智能化水平，为有关方面提供科学决策的工具。

6.1　相关研究现状

基于 GIS 的规划方法主要是利用 GIS 的空间分析功能，进行空间叠置分析、缓冲区分析和网络分析，也有部分文献结合 GIS 技术开发了规划决策支持系统。

Birkin 等开发了空间决策支持系统，对医疗卫生等公共设施进行实证分析；Ribeiro 等建立了整合 GIS 与布局优化方法的交互式规划决策支持系统，在葡萄牙进行公共设施规划实践；Luis 等开发了基于 GIS 的火灾避难疏散决策支持系统，在系统集成了避难场所选址多目标模型和算法，应用于葡萄牙 Coimbra；国内刘海燕应用 GIS 的空间分析功能对避难场所服务范围进行缓冲分析，为避难场所选址提供依据；施小斌利用 GIS 缓冲区分析和叠加分析功能，筛选出避难场所未覆盖区域和超员区域并进行场所新选址；李炜民利用 GIS 进行人口密度和避难场所缓冲区的叠加分析，对避难场所的辐射能力进行研究；陈鸿通过将 LA 模型与 GIS 集成，对消防站空间布局进行优化，并运用可达性评价指标进行验证；朱佩娟等运用 GIS 与元胞自动机相结合的方法，对长沙市避难场所的合理服务半径和空间布局进行了研究；曹明等以 Voronoi 理论为基础，提出考虑实际路网的避难场所责任区划分模型；黄静等以避难场所容量及避难距离为约束条件，以避难服务覆盖人数最大化为目标，运用 GIS 空间分析技术划定避难场所责任区；李刚运用加权 Voronoi 图方法在 GIS 平台上对避震疏散场所责任区进行划分，利用 Scene Control 等 3D 控件和 VB 6.0 进行二次开发建立了 3D GIS

的城市抗震防灾管理辅助决策系统；廖悲雨通过面向对象的编程语言 Visual Basic 和 GIS 二次开发控件 Map Objects，开发了应急设施布局决策支持系统，并在程序上实现了选址数学模型；吴启涛基于组件式 GIS 设计开发了城市抗震防灾规划空间决策支持系统，为土地适宜性规划、避难场所选址、应急道路规划等提供优化方案及对策；吴健宏等利用 GIS 空间分析功能筛选避难场所备选点、计算最短路径和对责任区进行划分，建立了基于 GIS 的避难场所选址决策支持系统。

基于 GIS 的避难场所规划研究中，多数文献只是利用 GIS 的空间分析模型，进行简单的避难场所与避难人口的空间叠置分析，避难场所或危险源的缓冲区分析，疏散路径的网络分析以及对规划结果的展示等；有的文献所开发的基于 GIS 的空间决策支持系统，只完成了对数据库的构建，没有实现规划模型和算法与 GIS 空间数据支持功能的有效耦合；有的文献在系统实现了选址模型的调用，但没有与 GIS 耦合。目前，还没有实现 GIS 空间分析与避难场所规划模型和求解算法有效耦合的避难场所规划决策支持系统的文献报道。

6.2 系统总体设计

本章以空间决策支持系统 SDSS 理论为指导核心，以 C#编程语言和 ArcGIS10 为平台，设计并开发行业内通用的避难场所规划决策支持系统。

6.2.1 系统需求分析

系统的需求分析是依据用户非形式化需求，设计出满足用户要求的软件的过程。其目的在于确定系统的功能范围，将各个功能细分为子模块，并对系统的运行环境以及性能等进行确认，以指导整个系统的设计。

需求分析可以分为功能性需求分析和非功能需求分析。功能性需求分析是帮助用户解决有效性的问题，即系统实现了用户所需要实现的功能；非功能性需求分析是解决实现用户需要的效率问题，即系统如何更好地实现这些功能。

1. 功能性需求分析

避难场所规划决策支持系统的主要用户是政府部门决策者、规划人员和研究人员，系统需要具备如下主要功能：

（1）防灾避难信息的存储、查询和修改。将规划范围内的所有地形空间信息、用地布局信息、防灾救灾相关基础设施信息、可利用避难场所信息、灾害危险源信息等进行分类存储，并实现查询和修改。

（2）筛选候选避难场所。依据规划技术指标对场所规模的要求，提取出可利用避难场所。利用GIS缓冲区分析，将可利用场所图层与地震断裂带、地质灾害易发区、洪水或海啸淹没区以及次生灾害危险源图层叠加，分析可利用场所的灾害风险。筛除灾害风险影响大的场所，在安全性评价较好的场所中确定候选避难场所。

（3）避难场所选址适宜性评价。传统的避难场所规划分析工作依赖个人经验和大量属性数据分析，缺乏空间数据分析的支持。使用GIS控件将空间数据引入规划模型，实现对模型和算法的快速链接和调用，将提高规划分析的科学性和工作效率。在避难场所选址适宜性评价中，需要将GIS的空间数据支持功能与选址适宜性评价模型融合，实现对模型和算法的快速链接和调用，计算备选固定避难场所的权重，并排列这些备选场所的优劣次序。

（4）避难场所布局优化和责任区划分。需要将GIS的空间数据支持功能与避难场所布局优化和责任区划分模型相融合，实现对模型和算法的快速链接和调用，计算并优选固定避难场所，划定选定场所的责任区范围。

（5）可视化展示。政府部门决策者多数不是应急设施区位问题的研究专家，系统需要搭建一系列可视化的应用功能，进行地图查询、定位和空间分析，并对规划方案以专题图等形式进行展示，以提高决策的效率。

2. 非功能性需求分析

（1）系统可靠性。系统的可靠性主要涉及系统的软件和硬件两个方面。随着计算机科学的发展，计算机硬件的性能有了很大提高，现在计算机系统所出现的问题大部分是软件问题。因此，需要选择可靠的高级语言环境以及 GIS 二次开发所用的控件。

（2）系统可用性。考虑到系统用户有政府职能部门的决策者，需要在系统中加入一些描述性的语言来帮助这些并非专业规划人员理解规划模型，从而能够选择适合规划实际需要的模型来解决规划问题。

（3）系统可扩充性。可扩充性是系统对技术和业务需求变化的支持，可扩充性好的系统可以用尽可能小的成本来实现原系统功能的扩展。采用模块化的编程思想可避免各个模块之间的联系，从而为将来系统的功能扩充提供良好的环境。

（4）系统可移植性。系统的可移植性要求系统能够脱离开发环境，能够适应最多的平台和操作系统。要求系统移植时，无需对数据文件的调用进行修改。

6.2.2 系统设计目标

设计开发避难场所规划决策支持系统的基本出发点是致力于提高本书避难场所规划模型的可操作性，为规划的编制提供强大的数据管理平台、数据分析工具、模型管理与分析平台和规划成果展示平台等。

系统设计的目标为：开发出行业内通用的避难场所规划决策支持系统，实现 GIS 空间分析与避难场所规划模型和求解算法的有效耦合，为城镇避难场所规划提供风险评价结果，避难场所适宜性评价结果，布局优化和责任区划分方案，辅助规划人员决策。

6.2.3　系统流程

根据避难场所规划的程序，以及对上述系统功能需求的分析，提出系统的决策流程，如图 6-1 所示。

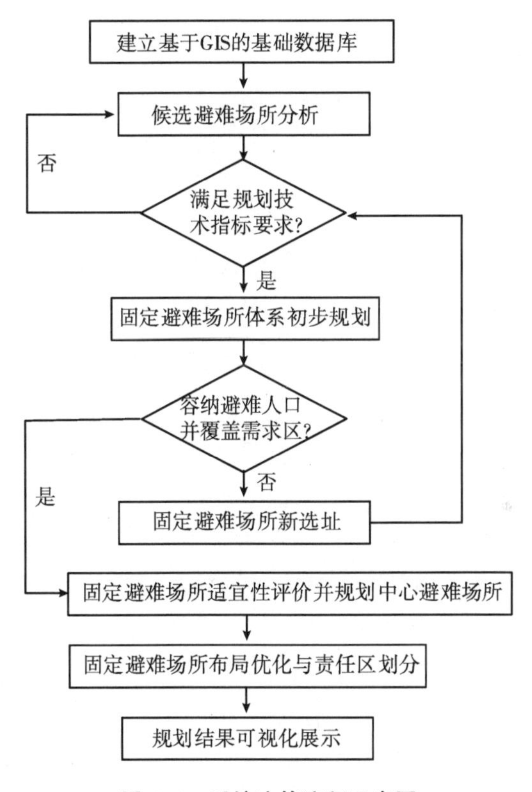

图 6-1　系统决策流程示意图

1. 建立数据库

导入地理空间数据、用地布局数据、可利用避难场所（公园、绿地、广场、学校等）分布数据、防灾救灾资源数据和次生灾害危险源数据等。

2. 候选避难场所分析

提取并计算规划范围内的公园、绿地、广场、学校等可利用避难场所位置和面积，依据规划技术指标确定可利用的避难场所。利用 GIS 缓冲区分析功能分析可利用场所的灾害风险，选定安全的候选避难场所，再利用 GIS 网络分析功能获取各需求区到各个候选场所之间的最短路网距离数据。

3. 避难场所初步规划

对候选避难场所的服务覆盖范围和场所容纳能力进行评估。如全部候选场所的覆盖范围和容纳能力满足规划范围内的避难需求，可进入场所适宜性评价和优化的环节；如不满足避难需求，需要进行新增场所选址并再次进行评估。

4. 选址适宜性评价

调用选址适宜性评价模型和算法，计算候选避难场所的权重并排列优劣次序，规划中心避难场所。

5. 布局优化与责任区划分

调用优化模型和算法，对候选避难场所进行优化计算，最终选定避难场所并划分责任区范围。

6. 规划结果展示

在系统中，对选定的避难场所及其责任区范围进行空间划分和展示。

6.2.4 系统结构

根据以上系统流程，本章采用数据流方式对避难场所规划决策支持系统进行结构分析，分析系统各个组成部分应承担的责任以及空间数据在整个系统的流向与处理，以指导系统的构建。系统数据流结构示意图如图6-2所示。

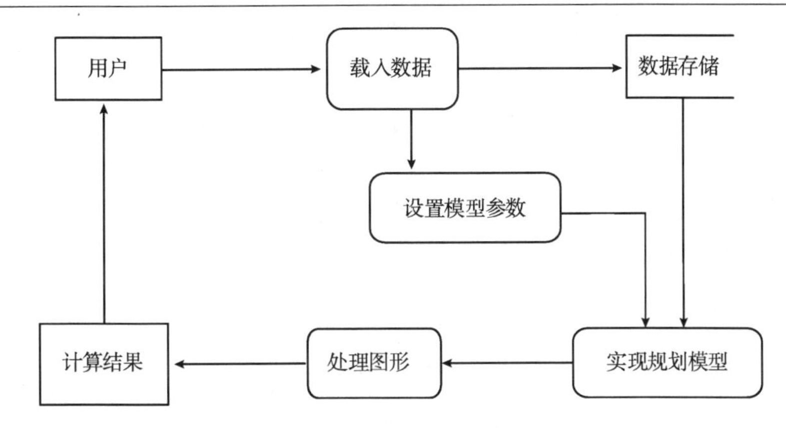

图 6-2　系统数据流结构示意图

避难场所规划决策支持系统的总体结构以典型的 SDSS 架构为主，通过基于 GIS 二次开发和决策模型开发，建立由系统支持层和应用层组成的双层结构体系，如图 6-3 所示。

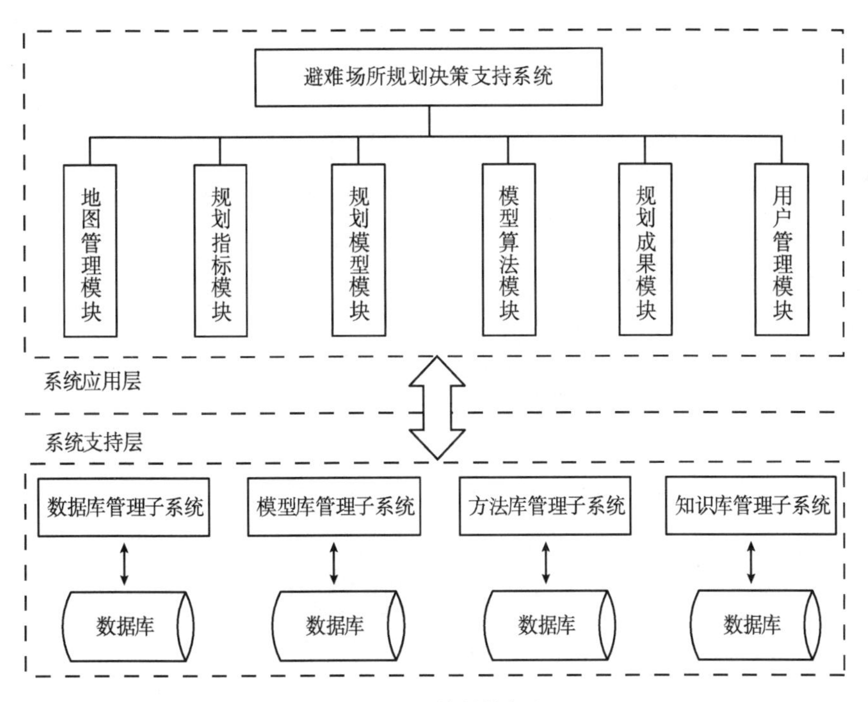

图 6-3　系统结构框架

系统支持层主要是为避难场所规划决策支持系统功能的实现提供数据支持、模型支持、方法支持和知识支持，主要由数据库及其管理子系统、模型库及其管理子系统、方法库及其管理子系统和知识库及其管理子系统构成。

系统应用层主要是在支持层的基础上构建各个模块和接口，从而实现系统设计目标中确定的各项功能。系统应用层由地图管理模块、规划指标模块、规划模型模块、模型算法模块、规划成果模块和用户管理模块六部分组成。其中规划模型模块、模型算法模块和规划成果模块是整个应用程序里的核心模块，它们与模型库和方法库的接口设计是系统设计中的重点。

6.2.5 系统界面

遵循图形化用户界面（GUI）设计原则，满足系统界面直观、功能明了、方便操作等要求。菜单设计控制在三层以内，避免多层次的嵌套操作使操作繁琐。在上述原则基础上设计了系统界面，如图 6-4 所示。

用户在启动系统之后，能够看到一个菜单式的用户界面，这与一般的 Windows 程序一样。用户可以在各个分类菜单中找到自己所需要的模型，在选定模型后为模型设定参数，然后点击运行就可得到结果。系统界面设计示意图，如图 6-4 所示。

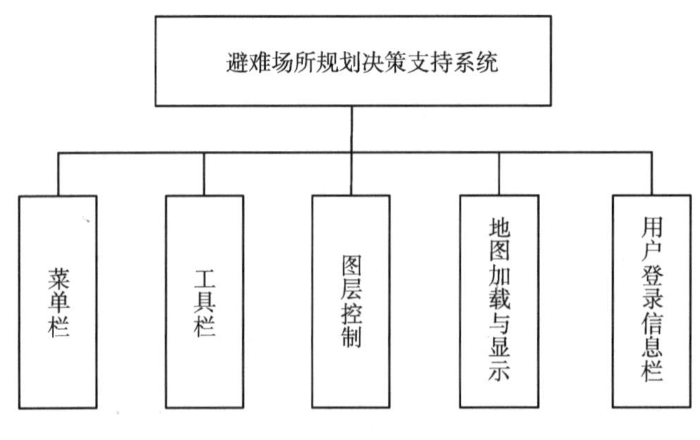

图 6-4　系统界面设计示意图

6.2.6　系统开发技术架构

避难场所规划决策支持系统应用基于 GIS 的 SDSS 技术，整个系统的实现采用 ArcGIS10 作为系统开发平台，采用 AO 技术和 C#. NET 实现各子系统的功能开发；采用 SQL Server 2008 作为系统的数据库支持系统，统一管理系统所有空间数据和属性数据。其中空间数据访问技术采用 ArcSDE 空间数据引擎实现，非空间数据访问采用 ADO 技术；模型库和知识库的建立采用 SQL Server 2008 建立相关的索引表和关联表，使其分别与相应的模型及知识表达进行关联，而具体非规则性知识的表达以文本形式进行存储，规则性知识则以 SQL Server 2008 二维表的结构形式进行存储与管理；系统运行所需规划模型和计算方法均采用 C#. NET 开发成相应的代码类库，便于系统进行调用。避难场所规划决策支持系统软件集成开发逻辑架构，如图 6-5 所示。

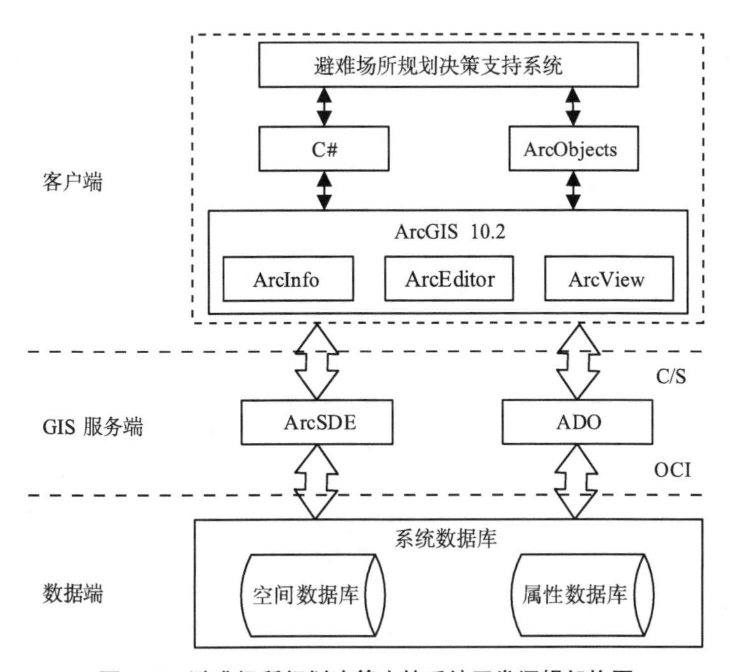

图 6-5　避难场所规划决策支持系统开发逻辑架构图

6.3 数据库及其管理子系统设计

数据库及其管理子系统为避难场所规划决策支持系统的运行提供有效的数据支持；对系统运行所需的大量空间数据和属性数据，包括基础数据和成果数据进行常规的管理、维护，支持数据的查询和表示；及时准确地为系统提供所需的信息，支持模型计算及分析。

6.3.1 数据库逻辑架构设计

数据库的逻辑架构应该根据避难场所规划决策支持系统的应用需求和所需要存储的数据特点来设计。从系统的应用需求来看，运行时会调用大量的地图文件，同时也会生成多种专题地图和计算分析结果数据。为了提高系统数据库的访问和存储速度，应该对基础数据和处理后得到的数据加以区分，因此，系统数据库在逻辑上可以分成基础数据库和成果数据库。

基础数据库主要包括基础地理空间数据以及相应的属性数据、居住区分布数据、可利用避难场所分布数据、防灾救灾资源数据和次生灾害危险源数据等；成果数据库主要包括灾害风险评价数据、避难场所和应急道路规划专题地图及数据表。数据库的逻辑架构以及库中所涵盖的主要数据内容，如图 6-6 所示。

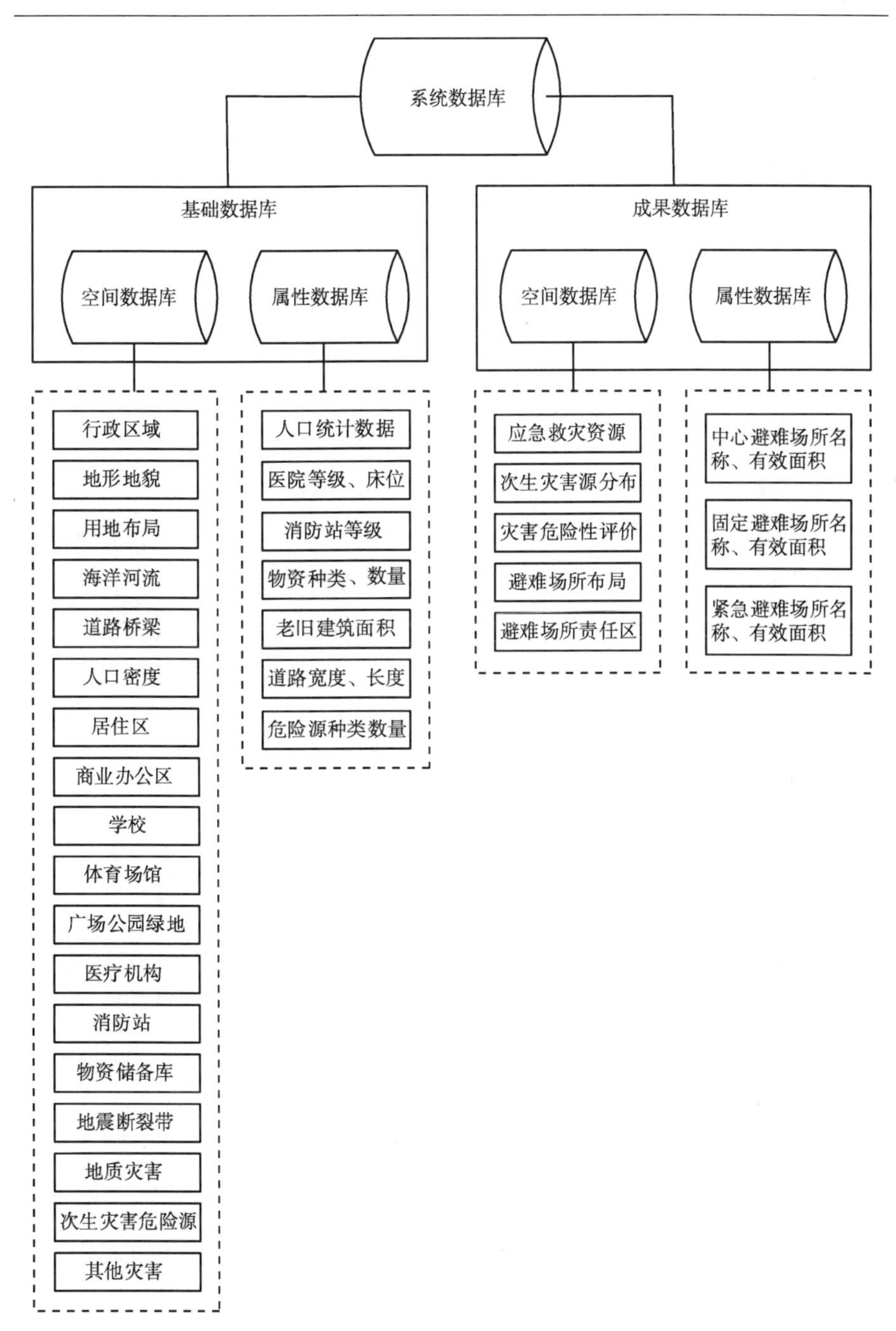

图6–6　避难场所规划决策支持系统数据库逻辑架构示意图

6.3.2 数据表结构设计

系统数据库共包含空间数据表（图层）28个，限于篇幅，仅对道路图层和候选避难场所图层部分属性结构进行说明，分别见表6-1和表6-2。

表6-1 道路图层结构

字段名	字段别名	字段类型	长度	是否可为空
Shape	类型	二进制		否
Object ID	ID	整型		否
Name	名称	字符串型	20	否
Length	长度	双精度		否
Width	宽度	双精度		否
Effective width	有效宽度	双精度		否
Road class	道路等级	字符串型	10	否
Oneway	是否为单行路线	字符型		否
Enable	通行与否	字符型		否
During construction	建设年代	日期型		否

表6-2 候选避难场所（公园、绿地、广场）图层部分属性结构

字段名	字段别名	字段类型	长度	是否可为空
Shape	形状	二进制		否
Object ID	ID	整型		否
Name	名称	字符串型	20	否
Area	面积	双精度		否
Effective area	有效面积	双精度		否
Capacitance	场所容量	整型		否

6.3.3　数据库管理子系统设计

数据库管理子系统是用户在系统运行期间，对各类数据表内容和结构实现修改、增删、更新等操作以及数据备份与恢复的应用接口。由于 ArcInfo10 中的 ArcCatalog 本身就是一个强大的空间数据维护组件包，而且 SQL Server 2008 提供了十分丰富的数据库管理功能，因此，避难场所规划决策支持系统数据库设计时，主要针对规划用户的需求对 ArcCatalog、SQL Server 2008 中的一些常用数据维护功能进行筛选和重新组合，设计好相应的使用接口，为用户量身定做一套更加简便实用的数据维护操作体系。数据库管理子系统，包括空间数据库管理、属性数据库管理、数据库备份和恢复三个子模块。

空间数据库管理子模块通过交互界面，由用户选定需要维护的数据和实现的操作，以及启动数据编辑维护模块（见图 6-7），以实现对系统空间数据的管理和更新。

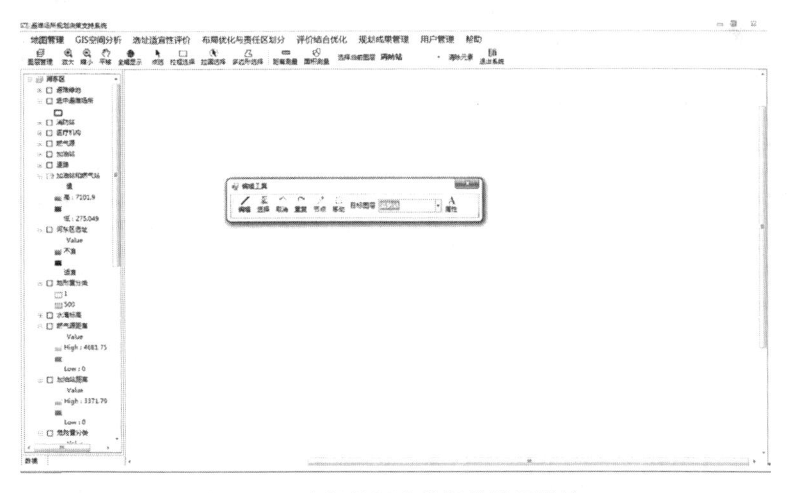

图 6-7　空间数据库编辑维护子模块

属性数据库管理子模块是通过如图 6-8 所示的交互界面，启动 SQL Server 2008 相应的功能模块来进行数据维护。

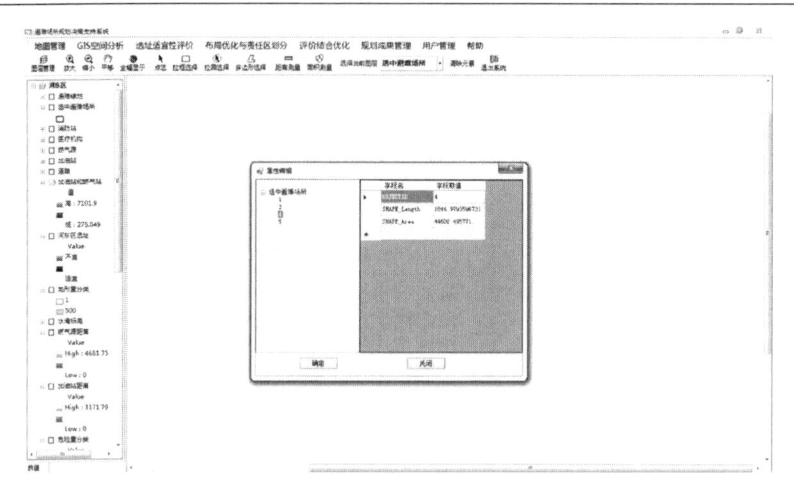

图 6-8　属性数据库管理子模块

6.3.4　数据库与系统的连接

在基于 GIS 的避难场所规划决策支持系统的各个子系统中，用于查询及各种分析功能的数据全部存放于数据库中，因此，如何进行它们之间的连接成为系统可靠运行的关键问题。

各子系统对数据库提出数据需求和存储格式的要求，数据库作为数据源通过接口程序为各子系统提供模型计算所需的各种数据。如模型分析、查询等系统调用任务与数据库之间无数据传递联系，系统总控模块通过人机交互方式，直接从数据库中提取模型计算所需的数据和对计算结果数据进行管理。并且，按模型所需要的格式存入到约定变量中，再由子系统模型从变量中读取。

6.4　模型方法库及其管理子系统设计

模型库及其管理子系统为避难场所规划决策支持系统运行提供有效的模型支持，实现对系统运行所需模型的快速调用和简便构造。系统通过数据库将规划模型连接起来，并对模型进行分类编目和维护，以方便对规划模型进行修改、维护和调用。

6.4.1 系统用模型分析

避难场所规划决策的制定，需要借助于GIS空间分析模型、避难场所选址适宜性评价模型、避难场所布局优化与责任区划分等模型的支持。

1. GIS空间分析模型

空间分析是为了解决地理空间问题进行的数据分析与数据挖掘，是从GIS目标之间的空间关系中获取派生的信息和新的知识，是从一个或多个空间数据图层中获取信息的过程。通过将地理空间目标划分为点、线、面不同的类型，可以获得这些不同类型目标的形态结构。将空间目标的空间数据和属性数据相结合，可以进行多种特定任务的空间计算与分析。本章避难场所规划决策支持系统用到的GIS空间分析模型有空间叠置分析、缓冲区分析和网络分析。

（1）空间叠置分析。空间叠置分析是将两层或多层地图要素进行叠加，产生一个新要素层的操作。其结果是将原来要素分割生成新的要素，新要素综合了原来两层或多层要素所具有的属性。系统利用空间叠置分析，可以将避难场所图层与居住区、商业区图层叠加，进行避难场所的区位分析。

（2）缓冲区分析。缓冲区分析是针对点、线、面实体，自动建立其周围一定宽度范围内的缓冲区多边形。系统利用缓冲区分析，将可利用避难场所图层与加油站、液化石油气站、天然气储配站和老旧民房等次生灾害危险源图层叠加，分析可利用场所的灾害风险。

（3）网络分析。网络分析是对地理网络进行地理分析与模型化，是地理信息系统中网络分析功能的主要目的。例如，求取需求区到避难场所的最短路径问题，就属于网络分析。

2. 避难场所规划用模型

避难场所规划决策支持系统用到的模型以本书提出的模型为主，包括选址适宜性评价模型、布局优化与责任区划分模型和评价结合优化的综合模型。

6.4.2 模型库结构设计

模型库中的模型由数学模型和 GIS 空间分析模型构成，具体的结构如图 6-9 所示。

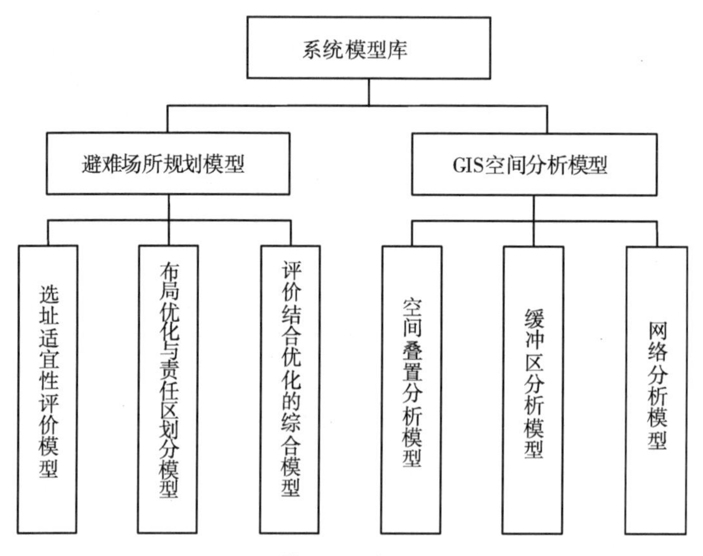

图 6-9 模型库逻辑结构示意图

模型文件库存储着系统所用模型的信息，每个模型均对应一个用 C#开发的源程序文件、一个对源程序编辑后生成的在 ArcGIS 中可被调用的可执行程序文件、一个描述模型的说明文件、一个模型输入参数表和一个模型输出参数表。各文件及描述，见表 6-3。

表 6-3　模型文件库文件及说明

文件类型	文件说明
源程序文件	用 C#开发的模型源代码生成文件
可执行程序文件	对源程序编辑后生成的在 ArcGIS 中可被调用运行的文件名称
模型说明文件	模型的描述、功能应用以及程序开发与使用的说明性文件
输入参数表	模型所有输入参数的表格
输出参数表	模型所有输出参数的表格

模型字典库是通过相应的存储结构存放模型的元信息，以实现对模型的有效组织。本章设计的模型字典库分为一级字典库、二级字典库和三级字典库三个层次，其整体结构如图 6-10 所示。

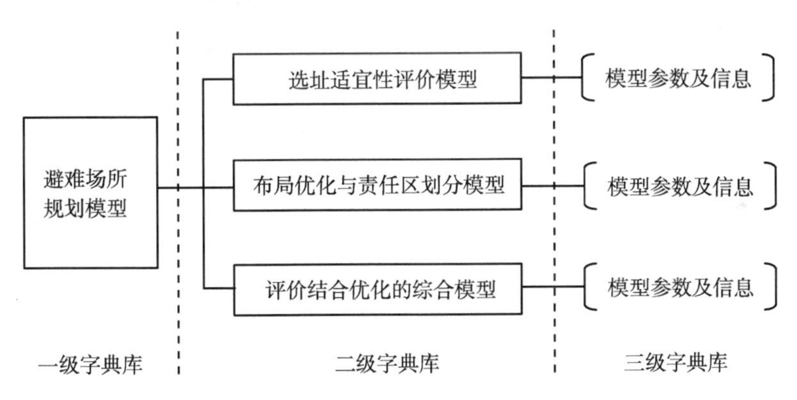

图 6-10　字典库层次结构示意图

一级字典库用来管理各类规划模型的二级字典库信息，其存储结构见表 6-4；二级字典库依据各个模型的功能规划模型的主体信息，其存储结构见表 6-5；三级字典库用于管理各个模型的参数信息，其存储结构见表 6-6。

表 6-4　一级模型字典库存储结构表

字段名	字段解释	字段类型	字段长度	是否可为空
Math mode ID	模型字典库编号	整数	4	否
Math mode name	模型字典库名称	字符串型	20	是
Math mode description	模型字典库描述	字符串型	20	否

表 6-5　二级模型字典库存储结构表

字段名	字段解释	字段类型	字段长度	是否可为空
Math mode ID	模型编号	整型	4	否
Math mode name	模型名称	字符串型	20	是
Math mode describe	模型描述	字符串型	20	否
In para name	输入参数名称	字符串型	20	否
Out para name	输出参数名称	字符串型	20	否
Code file name	源程序文件名	字符串型	20	是
Code file path	源程序文件存储路径	字符串型	50	是
Exe file name	可执行程序文件名	字符串型	20	是
Exe file path	可执行程序文件存储路径	字符串型	50	是
Mode description name	模型说明文件名	字符串型	100	是
Mode description path	模型说明文件存储路径	字符串型	100	是

表 6-6　三级模型字典库输入参数表

字段名	字段解释	字段类型	字段长度	是否可为空
Para ID	参数编号	整型	2	否
Para name	参数名称	字符串型	20	否
Para value	参数值	浮点数	20	否
Para description	参数描述	字符串型	50	否

依据决策支持系统理论，所有的数据应都存储在数据库，由数据库管理子系统进行统一管理，以便于数据的输入、查询、修改和维护。因此，需要构建模型与数据库之间的接口，即利用可视化编程语言通过 ODBC（Open Database Connection）方式从数据库提取所需数据，作为模型计算的输入参数；对于模型的计算结果，也需要通过 ODBC 的方式将其转换成数据库的形式。

6.4.3　模型库管理子系统设计

模型库管理子系统的主要功能是实现对系统内嵌的各个规划模型的查询。在系统设计上，模型库管理子系统用来查询模型，对应于“帮助”菜单下的“模型库管理”子菜单，其交互界面如图 6-11 所示。

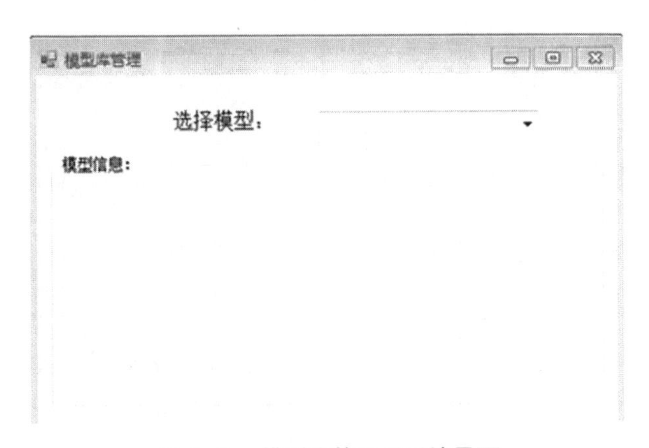

图 6-11　模型库管理子系统界面

6.4.4　方法库及其管理子系统设计

方法库是构成模型的主要内容。方法库及其管理子系统用来构建系统规划模型所必需的一些基本算法，对算法集中进行查询和调用。

与模型库一样，本章的方法库由方法文件库和方法字典库组成。方法文件库存储方法的程序代码，其存储方式和调用方法与模型库类似；方法字典库主要是对方法进行索引。方法库的结构，如图 6-12 所示。

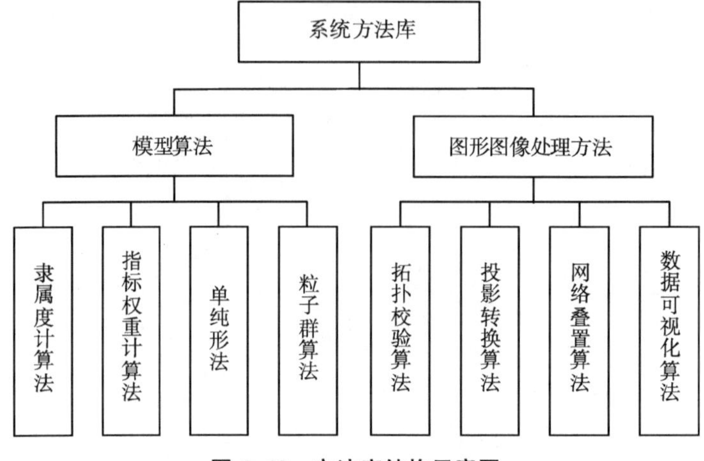

图 6-12　方法库结构示意图

6.5　系统开发

6.5.1　用户管理

根据权限将系统用户分为普通用户和管理员用户。普通用户可以浏览系统和查询分析结果，管理员用户即超级用户，除了具有普通用户的所有权限外还可以操作系统。合法的用户名称具有不同的权限，权限由用户的角色决定，在数据库中设定。系统登录界面，如图 6-13 所示。

图 6-13　系统登录界面

6.5.2　系统主界面实现

系统主界面包括五个部分，如图 6-14 所示。最上面为系统的功能菜单，包括地图管理、GIS 空间分析、选址适宜性评价、布局优化与责任区划分、评价结合优化、规划成果管理、用户管理和帮助；中间部分为常用的功能工具栏，包括图层管理、放大、缩小、平移、全幅显示、点选、拉框选择、拉圆选择、多边形选择、距离测量、面积测量、运算图层选择、清除窗口绘制元素以及退出系统等工具。中间左侧是图层控制区，用来实现控制图层的可见性、可见范围和属性查询；右侧为地图加载和显示区，用来实现地图的加载和显示、地图临时元素绘制、几何查询结果显示以及其他 GIS 空间分析和模型分析结果显示。最下面是用户登录信息栏，用来记录和显示用户的登陆信息，包括用户登录名、用户角色级别、登录时间、用户鼠标所在点位坐标、文档所在位置等信息。

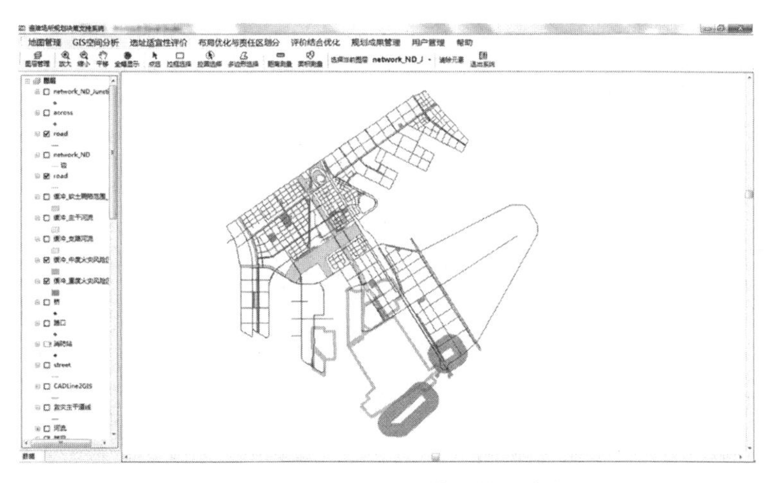

图 6-14　避难场所规划决策支持系统主界面

6.5.3　地图管理

该菜单有六个功能，包括打开地图文档、新建地图文档、保存地图文档、另存地图文档、地图编辑和退出系统功能。其中，地图编辑功能用来编辑矢量数据，可以实现几何图形数据的添加、修改和删除，属性数据的修改。

6.5.4 GIS 空间分析

该菜单有三个功能，包括：对多个图层进行叠加运算分析的空间叠置分析功能；对要素做缓冲区和进行叠置分析的缓冲区分析功能；在网络数据集中计算两点之间最短路径的网络分析功能。

6.5.5 避难场所规划

1. 选址适宜性评价

该菜单有两个功能，包括：用户根据规划实际情况微调适宜性评价指标权重，确定属性权重；根据评价计算结果，显示避难场所适宜性优劣排序。该菜单及功能见表 6-7。

2. 布局优化与责任区划分

该菜单用来实现布局优化与责任区划分模型，有三个功能，包括：由用户根据候选场所适宜性优劣，指定备选场所；计算并确定满足避难需求的最少场所数量和位置；计算并划定优化后避难场所的责任区范围。该菜单及功能，见表 6-7。

3. 评价结合优化

该菜单用来实现评价结合优化综合模型，其主要功能有两个，包括：为系统指定各个评价指标的属性权重；计算并确定避难场所的数量、位置和责任区范围。该菜单及功能，见表 6-7。

表 6-7　避难场所规划菜单及功能

一级菜单	二级菜单	功能
选址适宜性评价	属性权重确定	
	适宜性评价	计算避难场所适宜性优劣
布局优化与责任区划分	确定备选场所	依据候选场所适宜性优劣，指定备选场所
	布局优化	计算并确定满足避难需求的最少数量场所的位置
	责任区划分	计算并确定优化后场所的责任区范围
评价结合优化	属性权重确定	
	评价与优化	计算并确定避难场所数量、位置和责任区范围

6.5.6　规划成果管理

该菜单用来管理和查询规划成果，导出成果图。也可以将地图加载与显示区域的地图导出为 JPG 等格式的图片。

6.6　本章小结

为实现本书规划方法与 GIS 的有效融合并提高本书模型的可操作性，本章以空间决策支持系统理论为指导核心，以 ArcGIS10 为 GIS 开发平台，运用 C#程序语言设计并开发了行业内通用的基于 GIS 的避难场所规划决策支持系统。该系统有如下显著特点：通过 GIS 空间分析功能筛选候选场所和计算最短路径；调用规划模型和算法对候选场所进行评价和优化计算，并利用 GIS 生成专题图；采用流程化的用户界面设计，操作简单直观；系统体系架构灵活，各模块可独立存在，也可根据需要快速扩充功能模块。

第七章　避难场所规划方法应用实例

本章利用以上章节提出的选址适宜性评价模型、布局优化与责任区划分模型、评价结合优化综合模型以及规划决策支持系统，对某县级市城区避难场所体系进行规划，以验证这些模型和系统的有效性和适用性。具体规划步骤如下：

收集规划基础资料，在避难场所决策支持系统中，导入地理空间数据、用地布局数据、可利用避难场所（公园、绿地、广场、学校等）分布数据、防灾救灾资源数据和次生灾害危险源等数据；利用 GIS 计算公园、绿地、广场、学校等可利用场所面积，依据规划技术指标提取可利用避难场所并存储到数据库；利用 GIS 缓冲区分析功能，分析可利用场所的灾害风险，筛除危险场所，选定安全的备选避难场所。利用 GIS 网络分析功能，计算各需求区到各个备选场所的最短路网距离并存储到数据库；在系统数据库读取候选场所数据，从系统模型库调用本书选址适宜性评价模型，计算并排列备选固定避难场所的优劣次序，规划中心避难场所；估算避难人口，调用布局优化与责任区划分模型和评价结合优化综合模型，分别进行固定避难场所布局优化和责任区分配计算，选定固定避难场所并划分其责任区；依据规划技术指标规划紧急避难场所和应急道路系统；将上述计算结果在决策支持系统中生成专题图，进行可视化展示。

7.1　某县级市城区概况

某县级市总面积 1208km²，人口 69.9 万人，其中农业人口 57.69 万人。全市下辖 19 个乡镇、1 个街道办事处。其城镇系统规划，如图 7-1 所示。

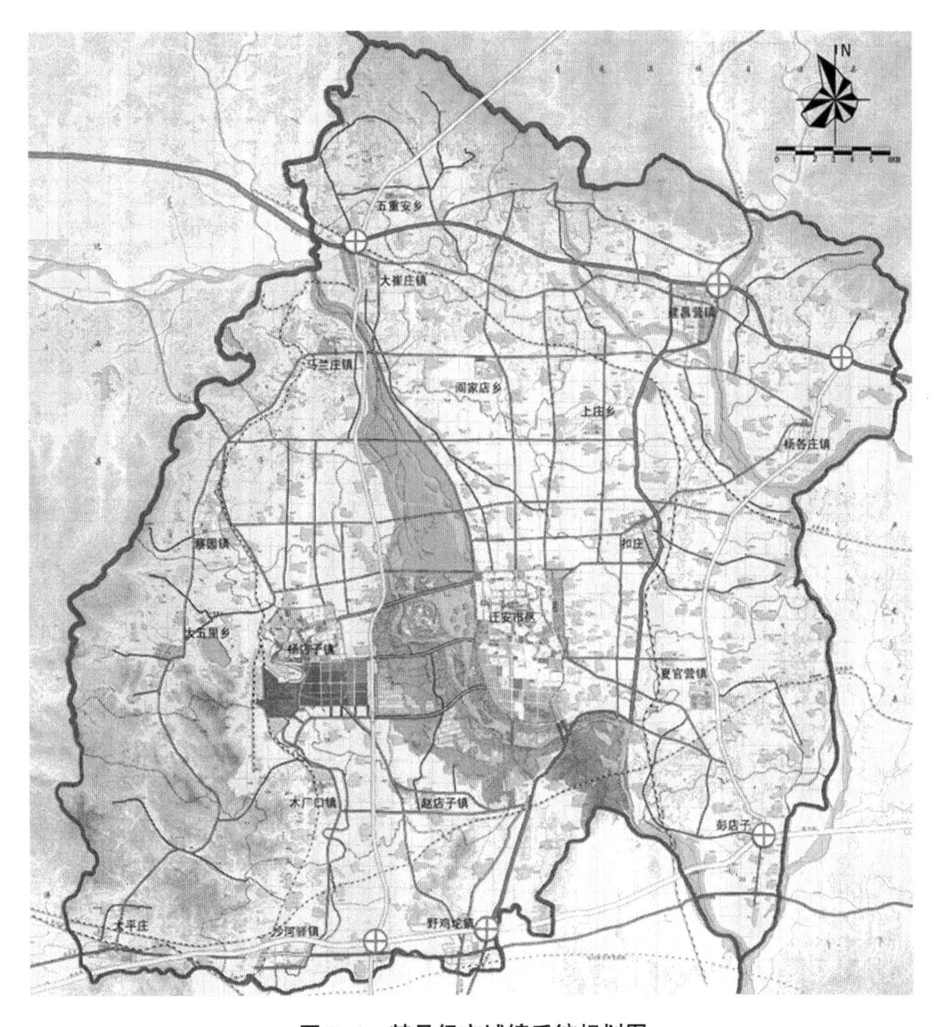

图 7-1　某县级市城镇系统规划图

7.1.1 地理区位

位于河北省唐山市东北部，燕山山脉南麓。城区距北京、天津约200km，距唐山市60km，东至秦皇岛市75km，南距京唐港80多km，与曹妃甸区相距约120km。

7.1.2 地形地貌

地处燕山余脉的南部，低山、丘陵、平原分别占全市总面积的23.1%、33.4%、43.5%，地形呈东、西、北三面高，南面低的簸箕状，具有典型的盆地特征。城区座落于其中，地势为西北高，东南低。最高山峰是城区北部的大嘴子山，海拔高度695.7m。

7.1.3 气候

属暖温带半湿润季风型大陆性气候，四季分明，具有华北地区气候的一般特征。常年主导风向为夏季东南风，冬季西北风。年平均气温10.1℃，无霜期168天，年平均降雨量735mm，年日照时数2675.3h，最大冻土深度为0.9m。

7.1.4 河流水系

市域内河流较多，主要有滦河、青龙河、冷口沙河，此外有白洋河、滦河、三里河、十里河、凉水河、徐流河等十多条季节性河流。其中滦河和青龙河为市域内两大河流。滦河自西北向东南从市域中部通过城区流过，青龙河自北向南由该市与青龙县交界处通过。

7.1.5 城区用地布局

按照《某县级市城市总体规划（2008—2020年）》规划城市建设用

地规模为：2015 年 33km²，2020 年 46.2km²。城区用地布局规划图，如图7-2所示。避难场所规划范围在城区，包括河东片区和河西片区的非工业区部分。

图 7-2　某县级市城区用地布局规划图

7.1.6　城区人口分布

截至 2007 年年底，城区总人口约 24.13 万人，其中河东片区人口约 16.1 万人，河西片区人口约 8.03 万人。城区总人口 2015 年规划控制在 30 万人，2020 年控制在 42 万人。

河东建成区通常指北二环路（祺光大街）以南，惠安大街以北，长城大路以西，迁雷公路以东的范围。在这个范围内交错分布着属于原县城街道办事处管理的社区、城中村以及其他企业和个人自建的住宅。河西建成区主要指滨河村住宅区的较小范围。

1. 社区分布

河东建成区现有 12 个社区，所辖居住小区见表 7-1；河西片区由于长期没有纳入规划范围，以滨河村矿业公司住宅为主的居住区没有纳入社区管理体系。

表 7-1　现状社区及所辖居住小区一览表

序号	社区名称	小区名称	人口（人）
1	兴安社区	兴安、燕颖、安颖	5840
2	丰乐路社区	华丰、长安、法华寺、电厂、明兴	5284
3	常青社区	常青	4745
4	燕阳社区	燕阳、燕祥	4277
5	青杨社区	青杨、青园	3970
6	惠宁西街社区	双惠、永惠、黄台、职中	5556
7	永顺街社区	永顺、景福、安顺、永惠	5913
8	燕春社区	燕春、东关	6105
9	惠宁东街社区	丰惠、燕惠	8800
10	明珠社区	明珠花园、明珠骏景	6578
11	帝景豪庭小区	帝景豪庭、一中	2055
12	花园街社区	花园、昌安	4010
	合　计		63133

近年来，一批新建的、规模较大的住宅区没有纳入现有社区管理，如广场馨园、怡景豪庭、颐秀园、金水豪庭、经济适用房工程、黄台湖别墅岛和奥特富力城等。新建小区的面积及人口状况，见表 7-2。

表 7-2　城区新建小区面积及人口统计表

序号	项目名称	建筑面积（m^2）	人口（人）
1	安顺家园 1	32000	792
2	安顺家园 2	36000	891
3	钢厂生活小区	128900	3191

续表

序号	项目名称	建筑面积（m^2）	人口（人）
4	黄台湖一号岛	26722	124
5	河畔人家	37682	519
6	佳兴住宅楼	2766	68
7	原饲料公司院内住宅	12192	302
8	惠民大街南住宅	14226	352
9	广场馨园一、二期	93000	2302
10	原一中北院住宅	25316	619
11	金色祺光 1	47459	1175
12	金色祺光 2	9166	227
13	五方和平楼	2640	65
14	黄台庄平改楼	50820	1258
15	时代花园	53925	273
16	颐秀园	154000	3046
17	绿色家园二期	51092	1265
18	原劳人局旧址商住楼	4133	102
19	惠泉商住楼	13266	328
20	商住楼	23100	560
21	周洪庄平改楼	32460	803
22	广电局北住宅楼	3799	94
23	张各庄平改	104400	1588
24	北关平改	38000	941
25	阚庄平改楼	50000	648

续表

序号	项目名称	建筑面积（m^2）	人口（人）
26	房管局	36965	915
27	住宅楼	9584	237
28	金水豪庭	170000	3149
29	大王庄平改	249724	1249
30	广场馨园三期	45000	226
31	燕阳小区二期	40800	1010
32	锦绣家园	87291	917
33	宏源花苑	48000	670
34	老汽车站住宅楼	50000	475
35	万生家园二期	18000	337
	合计		30718

2. 城中村分布

由于自然条件所限，大量村庄聚集在城区。随着城区的不断扩大，周边的村庄不断进入，形成了大量的城中村。在城区周边，还分布着一定数量的城郊村。城中村主要分布在河东片区，城中村人口状况见表7-3。

表 7-3　城中村人口状况一览表

序号	名称	位置	人口（人）
1	刘纸庄	河东片区	891
2	杨庄子	河东片区	1104
3	吴纸庄	河东片区	915
4	黄纸庄	河东片区	541
5	北关村	河东片区	1037

续表

序号	名称	位置	人口（人）
6	公平村	河东片区	896
7	阚庄	河东片区	1752
8	西关村	河东片区	925
9	建设村	河东片区	667
10	发展村	河东片区	980
11	南关村	河东片区	960
12	苏各庄	河东片区	942
13	王家园	河东片区	700
14	小王庄	河东片区	1036
15	烟台吴庄	河东片区	731
16	石岩庄	河东片区	1101
17	张李庄	河东片区	477
合计			15655

7.1.7 建筑物和道路

1. 建筑物概况

20 世纪 90 年代中期以来，河东片区住宅建设呈小区或组团状建设，小区配套设施较完善。河西片区纳入统一规划管理后，除城中村外旧住宅区主要分布在滨河村，滨河村仍保留着一批 20 世纪 60 年代建设的住宅，居住环境较差。

城区一般建设工程抗震设防按地震动峰值加速度为 0.15g（相当于地震烈度Ⅶ度）设防，建筑结构形式多为砖混结构 2~6 层，少数高层建筑为钢筋混凝土结构。

城中村建筑大多数为村民自建房，没有经过正规的设计和施工。此类住宅多为 1~2 层建筑，其中部分建筑年代较长，抗震性差。

2. 道路概况

目前，城区对外交通主要出入口有 7 个。城区过境交通道路主要有 3 条，即河东片区的长城大公路和滨湖东路、河西片区的野兴路。

道路网以方格网为主，环路和放射路相结合的方式，由快速路、主干路、次干路和支路四个级别构成，主要道路见表 7-4。城区主干道和次干道较宽，但城中村街道狭窄交通量又较大，不利于消防车以及救援车辆的进出。

表 7-4　城区道路现状统计表

道路名称	性质	起点	止点	红线宽度（m）
兴安大街	主干道	阜安大路	丰乐大路	28
		丰乐大路	长城大路	28
昌盛大路	次干道	祺光大街	祺福大街	25
		祺福大街	永顺大街	20
燕山大路	主干道	祺光大街	祺福大街	32
		祺福大街	惠泉大街	32
		惠泉大街	钢城大街	50
		钢城大街	惠安大街	50
		惠安大街	滨湖东路	60
花园街	次干道	阜安大路	丰乐大路	20
永顺街	次干道	大坝铺路	阜安大路	20
		阜安大路	燕山大路	20
惠宁大街	主干道	丰乐大路	丰安大路	31
		丰安大路	燕山大路	43
		燕山大路	阜安大路	25
惠泉大街	主干道	阜安大路	丰安大路	43
		丰安大路	明珠大街	43
祺光大街	主干道	滨湖东路	长城大路	40

续表

道路名称	性质	起点	止点	红线宽度（m）
祺福大街	主干道	大坝铺路	阜安大路	25
		阜安大路	丰乐大路	25
钢城大街	主干道	滨湖东路	阜安大路	55
		阜安大路	丰安大路	55
丰安大路	主干道	惠宁大街	长城大路	43
丰乐大路	主干道	祺福大街	惠宁大街	31
大坝铺路	支路	祺光大街	惠宁大街	15
中间路	支路	祺福大街	惠宁大街	20
阜安大路	主干道	祺光大街	惠安大街	40
长城大路	主干道	北三环外	祺光大街	24
		祺光大街	明珠大街	38
		明珠大街	丰安大路	38
		丰安大路	滨湖东路	38
明珠街	主干道	燕山大路	丰乐大路	20
		丰乐大路	长城大路	43
惠安大街	主干道	阜安大路	长城大路	45
滨湖东路	主干道	祺光大街	钢城大街	50
		钢城大街	长城大路	50
顺喜路	支路	永顺街	惠宁大街	6
新颖路	支路	惠宁大街	明珠大街	18
		明珠大街	兴安大街	12
工业园区路	主干道	长城大路	迁徐路	43

7.1.8 次生灾害危险源

按灾害影响范围来看，全域性灾害为震灾，局部性灾害为水灾和火灾等。地震灾害为城区的主导灾害，次生灾害危险源主要包括城区内的加油站、油库、天然气站、液化气站、高层建筑和老旧民房等。

1. 油气站的分布

河东片区现状易燃易爆单位有2个液化气站、1个天然气储配站、13家加油站，河西片区有2个制氧厂、1个乙炔厂、1个液化气站、1个氧气乙炔供应站、1个油库和4家加油站。燃气储配站位于交警指挥中心西侧，建有中压管道15km和3个小区调压站，居民及饭店用户4585户。

由于城区不断外扩，原来处于外围的液化气站和燃气站逐渐包围在城区中，对其周边地区的安全构成威胁。现状油气站分布，见表7-5。

表7-5 现状油气站统计表

类型	名称	位置	与建筑物距离（m）	防火隔离带
加油站	油龙公司加油站	阜安大路与花园街交叉口西南方向	36	无
	加油站	祺光大街与丰乐大路交叉口东南方向	107	有（西南侧）
	加油站	长城大公路与迁卢路交叉口西侧	19	有（东侧）
	加油站	祺福大街与丰乐大路交叉口东侧	5	无
	加油站	明珠街与丰乐大路交叉口东南侧	17	无
	加油站	祺光大街与长城大公路交叉口西南侧	39	无
	加油站	阜安大路与永顺街交叉口北行100m西侧	10	无
	九江公司加油站	河西片区钢城西路	150	无
	北关加油站	祺福大街与燕山北路西行270m南侧	6	无
油库	中国石油	丰安大路与三环路交叉口西北方向	34	无

续表

类型	名称	位置	与建筑物距离（m）	防火隔离带
天然气站	新华联燃气公司	惠安大街	200	无
液化气站	建伟液化气站	祺光大街与丰乐路交叉口东行 300m 南侧	44	无

2. 老旧民房的分布

城区老旧民房主要指分布在河东片区的 17 个城中村，村民住房一般年代较长，防火等级低，存在较大的火灾隐患。

7.1.9　防灾救灾资源

1. 医疗卫生机构

河东片区现有医疗机构 7 所、血站 1 所，包括疾病预防中心、人民医院、燕山医院、中医院、老干部医院、妇幼保健医院、镇卫生院和中心血站。河西片区现有医院 2 座，包括矿山医院和杨店子中心卫生院。医疗卫生机构具体位置见表 7–6。

2. 消防站

城区现有专职消防站 2 座、企业消防站 1 座。河东片区的消防站位于兴安大街东段北侧，1978 年建站为二级普通消防站。河西片区的消防站位于迁杨路东段南侧，企业消防站为河西片区企业专职消防站。具体位置见表 7–6。

3. 物资储备库

物资储备库是指大的粮食储备库、大型的商场和超市等。其功能是灾后或者其他应急状况下能向居民提供生活物资的场所。物资储备点具体位置，见表 7–6。

表 7-6　城区防灾应急资源统计表

类 型	名称	地理位置
医疗卫生	疾病预防中心	丰安路与钢城大街交汇的西南处
	人民医院	兴安大街与丰乐大路交接的西南角
	妇幼保健医院	永顺大街北燕山大路以西中医院东侧
	中医院	永顺街与燕山大路交叉口的西北部
	燕山医院	惠文大街与经四路交叉的西北角
	中心血站	丰安大路南果菜批发市场东侧
	老干部医院	花园街与昌盛大路交叉口西南侧
	镇卫生院	和平路与兴安大街交叉口南侧
	矿山医院	钢城西路
	杨店子中心卫生院	野兴路
消防	消防中队	兴安大街与丰乐大路交叉口东北侧
	河西消防站	经十路
物资储备	家乐超市	丰安大路与惠泉大街交叉口
	东安超商	兴安大街与燕山大路交叉口东南
	东购商场	兴安大街与燕山大路交叉口西北
	鸿洲商厦	兴安大街与燕山大路交叉口西南
	宏宇商场	时代广场西
	北购商场	宏宇商场西
	东盛超市	阜安大路与惠泉大街交叉口

7.2 可利用避难场所评价

7.2.1 灾害危险性评价

在基于 GIS 的避难场所规划决策支持系统，导入地形信息及加油站、液化石油气站、天然气储配站和老旧民房等次生灾害危险源信息，依据《城市抗震防灾规划标准》（GB 50413—2007）等相关标准对避难场所距离次生灾害危险源的规划要求划定缓冲区，通过图层叠加分析城区的灾害危险性。其中河东片区灾害危险性影响如图 7-3 所示。

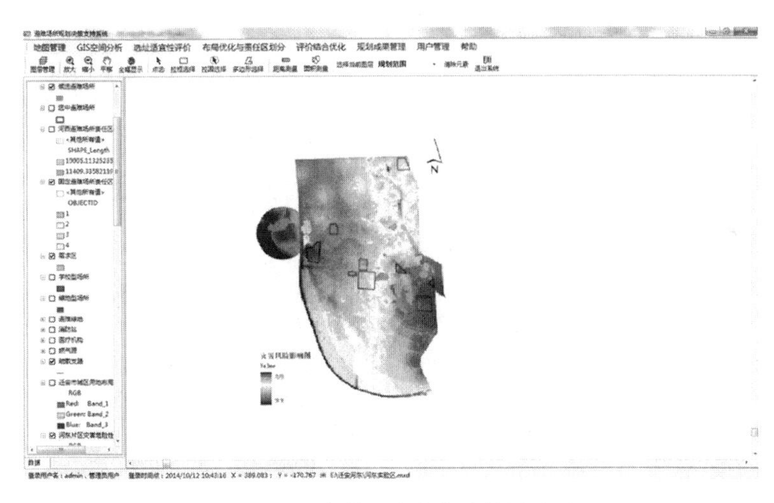

图 7-3 河东片区灾害危险性影响图

7.2.2 可利用避难场所

从基于 GIS 的避难场所规划决策支持系统中提取城区公园、绿地、学校、广场、体育场馆、政府机关和空地等空间分布数据。依据《图说村镇灾害与防灾避难》一书提出的县域城镇避难场所规划技术指标（见表

7-7)，初步筛选出可用于避难的场所，筛除危险场所。再对上述场所进行实地考察，评价其基础设施条件。

表 7-7　县域城镇避难场所规划技术指标

类型	有效面积（hm^2）	人均有效避难面积（m^2/人）	服务半径（m）	连通应急道路宽度（m）
中心避难场所	≥5.0	≥4.5	—	有效宽度≥7
长期固定避难场所	≥1.0	≥4.5	5000	有效宽度≥4
中期固定避难场所	≥0.2	≥3.0	3000	有效宽度≥4
紧急避难场所	不限	≥2.0	1000	—

河东片区可利用场所及其分布，如图 7-4 所示；河西片区可利用场所及其分布，如图 7-5 所示。

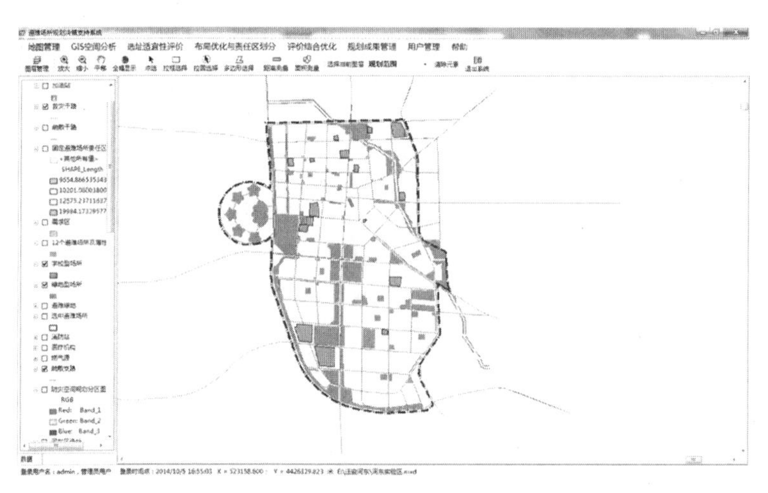

图 7-4　河东片区可利用场所及其分布图

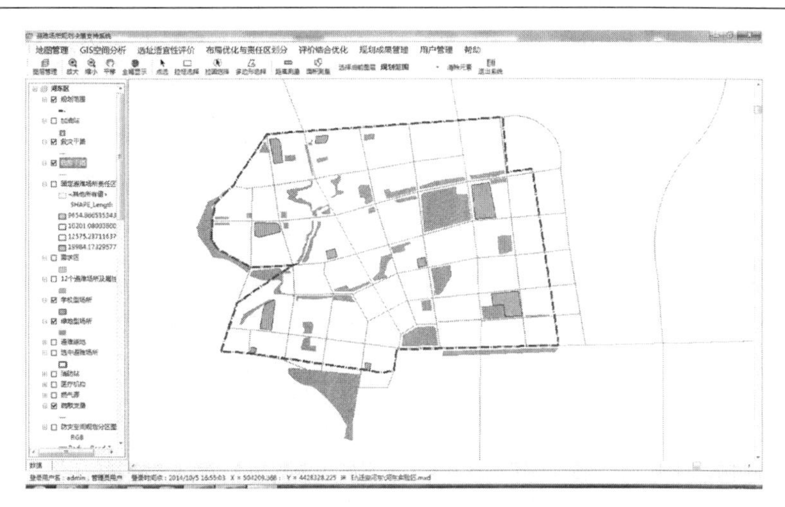

图 7-5　河西片区可利用场所及其分布图

1. 河东片区可利用场所及其评价

河东片区现状可利用场所的名称、位置、规模和基础设施状况的评价结果，见表 7-8。

表 7-8　河东片区现状可利用场所及其基础设施状况评价表

名称	位置	面积（hm^2）	有效面积（hm^2）	基础设施
黄台山公园	惠宁路与阜安路交叉口西南侧	51.10	10.22	好
人民广场	燕山大路与惠泉大街交叉口东侧	9.68	5.42	好
市政广场	钢城大街与燕山大路交叉口西南侧	3.14	1.10	好
市标广场	长城大路与丰安大路交叉口西北	3.10	1.74	中
常青公园	燕山大路与祺福大街交叉口东	0.50	0.07	中
花园街游园	花园街与北关路交叉口西南侧	0.33	0.06	中
南关静园	惠宁大街与燕山大路交叉口西北	0.40	0.11	中
丰惠园	惠泉大街与丰安大路交叉口东南侧	1.15	0.45	中
燕鑫公益园	南四环与长城大路交叉口西南部	13.00	2.73	好

续表

名称	位置	面积（hm^2）	有效面积（hm^2）	基础设施
地志公园	钢城大街与丰安大路交叉口——地志博物馆处	3.76	2.24	中
大坝东带状公园	大坝东侧，大坝辅路西侧，滨湖东路东侧	5.30	1.48	差
明珠广场	丰乐大路与明珠街交叉口东南段	2.65	0.76	中
惠宁大街西段带状公园	黄台山公园正门西、南侧	2.10	0.59	中
安乐园	丰乐大路与兴安大街东北部——安乐园	0.16	0.03	中
红枫园	兴安大街消防队路南	0.33	0.11	中
兴安大街街旁绿地	兴安大路与阜安大街交叉口西北	0.15	0.08	中
丁香园	兴安大街与阜安大路交叉口东北	0.21	0.04	中
樱花园	兴安大街与阜安大路交叉口东南	0.25	0.05	中
吴庄文明生态村门前绿地	惠泉大街北段东南侧	0.25	0.04	中
惠宁大街西出口绿地	惠宁大街与阜安大路交叉口东北	0.15	0.08	中
兴安广场	兴安大街与燕山路交叉口西北部	0.85	0.42	中
时代广场	兴安大街与燕山路交叉口西南部	0.64	0.32	中
文化广场	兴安大街北侧、购物中心东侧	0.62	0.37	中
政府西南绿地	燕山路与钢城路交叉口西南	2.00	0.67	中
市标广场东南绿地	长城大路与丰安大路交叉口东南	0.46	0.13	中
钢城大街与阜安大路交叉口东北侧绿地	钢城大街与阜安大路交叉口东北部	0.15	0.07	中

续表

名称	位置	面积（hm^2）	有效面积（hm^2）	基础设施
镇一中对面街旁绿地	燕山大路与祺福大街交叉口西南	0.40	0.16	中
阜城园	钢城大街与阜安大路交叉口西北部	0.54	0.15	中
市房管局东侧	祺福大街与昌盛大路交叉口东南侧	0.50	0.18	中
怡翠园	惠泉大街与阜安路交叉口东北部	0.20	0.09	中
惠泉大街与阜安路交叉口东南侧街旁绿地	惠泉大街与阜安路交叉口东南部	0.08	0.04	中
钢城大街与阜安大路交叉口东南新建绿地	钢城大街与阜安大路交叉口东南	0.18	0.11	中
燕南园	惠安大街与阜安大路交叉口东南侧	0.49	0.08	中
南四环与燕山大路交叉口东侧绿地	南四环与燕山大路交叉口东侧	0.40	0.17	中
南四环与燕山大路交叉口西侧绿地	南四环与燕山大路交叉口西侧	0.60	0.25	中
明珠花园	明珠街和丰乐大路交叉口的东侧	3.00	0.36	中
明珠骏景	明珠街与丰盛路西北部	3.30	0.32	中
颐秀园	阜安大路与惠宁大街交叉口西北侧	3.56	0.11	中
青杨小区	阜安大街与祺福大街交叉口东北侧	1.20	0.11	中
行政办公中心	燕山大路与钢城大街交叉东南处	2.05	0.72	好
镇政府	惠泉大街与和平路交叉口西北	1.17	0.56	好

续表

名称	位置	面积（hm^2）	有效面积（hm^2）	基础设施
锦江饭店	惠泉大街与燕山大路交叉口西南侧	2.31	0.97	中
教师进修学校	惠泉大街与阜安大路交叉口的东北部惠泉大街北	1.20	0.54	中
交通局	惠文大街与经三路交叉口的东北角	0.98	0.44	中
老干部活动中心	花园街与昌盛大路交叉口西北	0.70	0.10	中
镇公安分局	阜安大路与惠泉大街交叉口东北	0.55	0.31	中
城关法庭	阜安大路与惠泉大街交叉口东北	0.19	0.11	中
第三高级中学门前绿地	祺光大街与长城大路交叉口西北侧	10.00	3.92	中
第一高级中学	燕山大路与钢城大街交汇口东南处	5.06	2.32	好
第二高级中学	惠宁大街与阜安大路交叉口的东北角	2.73	1.47	好
第三高级中学	祺光大街与长城大路交叉口西北侧	4.20	1.61	好
镇第一初级中学	祺福大街与燕山大街交接的西北角	1.87	0.81	好
镇第二初级中学	阜安大路与惠宁街交汇的东南部阜安大路东	1.80	1.20	好
第一实验小学	惠宁大街与阜安大路交接东南	1.29	0.66	好
第二实验小学	明珠街与燕山路交接东南	0.67	0.24	中
第三实验小学	燕山大路与丰乐路中间的花园街段，处于街北	0.79	0.34	好
第四实验小学	明珠街与三里河交叉东北部	1.30	0.74	好
小王庄小学	惠宁大街与丰安大路交叉口东南	0.50	0.25	中

2. 河西片区可利用场所及其评价

河西片区现状可利用场所的名称、位置、规模和基础设施状况的评价结果，见表 7-9。

表 7-9　河西片区现状可利用场所及其基础设施状况评价表

名称	位置	面积（hm^2）	有效面积（hm^2）	基础设施
矿山文化活动中心	钢城西路西段南侧	2.20	0.54	好
杨店子镇中心公园	杨店子镇政府旁	2.38	0.58	中
工人俱乐部	钢城西路西段	1.00	0.42	好
矿业公司家属区带状公园	钢城西路北侧，矿业公司家属院中部	1.20	0.29	中
矿业学校中小学	钢城西路北	2.00	1.26	好
杨店子初级中学	钢城西路北	2.83	1.69	好

7.2.3　可利用应急道路

计算应急道路的有效宽度时，采用简化计算，对于主干道两侧建筑倒塌后的废墟宽度按建筑高度的 2/3 计算，其他情况按 1/2～2/3 计算。城区现状可利用应急道路有效宽度及其评价，见表 7-10。

表 7-10　城区现状可利用应急道路有效宽度及其评价表

道路名称	道路红线宽度（m）	道路的有效宽度（m）	是否满足避难要求
长城大路	40	40.0	是
迁雷公路	40	40.0	是
祺光大街	40	35.0	是

续表

道路名称	道路红线宽度（m）	道路的有效宽度（m）	是否满足避难要求
燕山路	32	20.8	是
兴安大街	28	20.6	是
惠宁大街	25	14.0	是
丰安大路	43	39.0	是
钢城路	43	43.0	是
阜安大路	40	34.1	是
惠泉大街	43	39.7	是
丰盛路	43	38.3	是
花园街	20	10.0	是
永顺街	20	11.7	是
和平路	15	0.9	否
经四路	32	32.0	是
经三路	32	32.0	是
明珠街	43	36.4	是
昌盛大路	20	15.9	是
丰乐大路	31	26.0	是
祺福大街	25	20.9	是
新颖路	12	4.4	是
二实小东路	4.4	0.0	否

7.3　避难人口估算

7.3.1　防灾空间分区

1. 防灾分区的分级标准

《城市抗震防灾规划标准》（GB 50413—2007）以巨灾、大灾、中灾来表示城市可能遭遇的灾害规模及影响。参照上述划分原则将该县级市城区防灾分区划分为三级，分别为防灾组团、救援骨干网格和疏散生活分区，各级防灾分区既自成体系又相互联系，三级防灾分区分别保障应对巨灾、大灾和中灾影响下的救灾功能。

2. 防灾空间规划布局

考虑城区的街道（社区）分界、人口分布、河流、道路以及防灾设施的布局，将城区划分为 2 个防灾组团、5 个疏散生活分区和 30 个防灾街区。防灾空间规划布局，如图 7-6 所示；防灾空间的基本数据，见表7-11。

图 7-6　防灾空间规划分区图

表 7-11 防灾空间基本数据表

防灾组团	疏散生活分区	防灾街区	位置	面积（km²）	人口（人）
河东组团	1	1-1	阜安大街与兴安大街交叉的西北	1.03	11038
		1-2	阜安大街，燕山北路，祺福大街上方	0.90	9603
		1-3	祺福大路，阜安大街，兴安大街，燕山北路之间	0.73	12923
		1-4	兴安大街，阜安大路的西南	0.96	10885
		1-5	兴安大街，阜安大路，惠宁大街，燕山北路之间	0.84	14746
		1-6	惠宁大街，阜安大路，钢城东路，燕山北路之间	1.04	11175
		1-7	黄台湖岛	0.55	5893
	2	2-1	三里河，兴安大街，平青大公路上方	1.05	11255
		2-2	燕山北路，花园街，丰乐大路，兴安大街，三里河之间	0.74	12549
		2-3	花园街，丰乐大路，兴安大街，平青大公路，明珠街，燕山中路之间	0.70	13113
		2-4	兴安大街，平青大公路，三里河之间	0.61	7129
		2-5	燕山中路，明珠街，惠泉大街，惠宁大街丰安大路之间	0.68	14425
		2-6	惠宁大街，丰安大路，钢城东路，燕山南路之间	0.93	9943
		2-7	惠泉大街，三里河，平青大公路，丰安大路之间	1.39	12043
	3	3-1	迁镭公路，钢城东路，燕山南路，南四环路之间	0.88	9418
		3-2	迁镭公路，南四环路，燕山南路，纬八街，和平路，纬七街之间	1.37	14668
		3-3	迁镭公路，纬七街，和平路，纬八街，燕山南路之间	1.34	14379
		3-4	燕山南路，纬八街，经三路，迁镭公路之间	0.93	9996

续表

防灾组团	疏散生活分区	防灾街区	位置	面积(km^2)	人口(人)
河东组团	4	4-1	燕山南路，钢城东路，经四路，纬七街之间	1.20	12825
		4-2	经四路，钢城东路，丰安大路，平青大公路，纬七街之间	1.04	11175
		4-3	燕山南路，纬七街，经四路，纬九街，经三路，纬八街之间	0.90	9675
		4-4	经四路，纬七街，平青大公路，纬九街之间	1.09	11689
		4-5	经三路，纬九街，平青大公路，迁镭公路之间	1.84	19714
河西组团	5	5-1	经一路，纬一街，沙河之间	1.15	16515
		5-2	沙河，纬一街，经十路，纬三街之间	0.88	12644
		5-3	经十路，沙河，纬一街，经十二路，纬四街之间	1.05	15024
		5-4	沙河，纬三街，沙河之间	0.93	13289
		5-5	经二路，纬八街，经六路，沙河之间	1.08	15483
		5-6	经六路，沙河，纬四街，经十一路，钢城西路，纬八街之间	1.15	16543
		5-7	经十一路，纬四街，钢城西路之间	0.92	13203

7.3.2 避难人口估算

参考《城市抗震防灾规划标准》（修订报批稿）中的估算原则，紧急避难人数按照防灾分区人口的80%计算，中长期固定避难人数按不低于常住人口的5%考虑。

各防灾街区的固定避难人口在以上原则的基础上，按照防灾街区内建（构）筑物的抗震能力进行估算。具体估算办法如下：对抗震能力低的建（构）筑物面积比例超过60%的防灾街区，按常住人口的20%估算；对抗震能力低的建（构）筑物面积比例在40%~60%的防灾街区，按常住人口的15%估算；对抗震能力低的建（构）筑物面积比例在20%~40%的防灾街区，按常住人口的10%估算。

各防灾街区避难人口的估算结果，见表7-12。

表7-12 防灾街区避难人口估算一览表

<table>
<tr><th>组团</th><th>疏散生活分区</th><th>防灾街区</th><th>总人口（人）</th><th>紧急避难人口（人）</th><th>固定避难人口（人）</th></tr>
<tr><td rowspan="18">河东组团</td><td rowspan="7">1</td><td>1-1</td><td>11038</td><td>8830</td><td>2208</td></tr>
<tr><td>1-2</td><td>9603</td><td>7682</td><td>1921</td></tr>
<tr><td>1-3</td><td>12923</td><td>10338</td><td>2585</td></tr>
<tr><td>1-4</td><td>10885</td><td>8708</td><td>1089</td></tr>
<tr><td>1-5</td><td>14746</td><td>11797</td><td>2949</td></tr>
<tr><td>1-6</td><td>11175</td><td>8940</td><td>1676</td></tr>
<tr><td>1-7</td><td>5893</td><td>4714</td><td>589</td></tr>
<tr><td rowspan="7">2</td><td>2-1</td><td>11255</td><td>9004</td><td>2251</td></tr>
<tr><td>2-2</td><td>12549</td><td>10039</td><td>2510</td></tr>
<tr><td>2-3</td><td>13113</td><td>10490</td><td>2623</td></tr>
<tr><td>2-4</td><td>7129</td><td>5703</td><td>1426</td></tr>
<tr><td>2-5</td><td>14425</td><td>11540</td><td>2885</td></tr>
<tr><td>2-6</td><td>9943</td><td>7954</td><td>1491</td></tr>
<tr><td>2-7</td><td>12043</td><td>9634</td><td>2409</td></tr>
<tr><td rowspan="4">3</td><td>3-1</td><td>9418</td><td>7534</td><td>942</td></tr>
<tr><td>3-2</td><td>11218</td><td>8974</td><td>1122</td></tr>
<tr><td>3-3</td><td>17829</td><td>14263</td><td>1783</td></tr>
<tr><td>3-4</td><td>9996</td><td>7997</td><td>1000</td></tr>
</table>

续表

组团	疏散生活分区	防灾街区	总人口（人）	紧急避难人口（人）	固定避难人口（人）
河东组团	4	4-1	12825	10260	1283
		4-2	11175	8940	1118
		4-3	9675	7740	1451
		4-4	11689	9351	1753
		4-5	19714	15771	2957
河西组团	5	5-1	16515	13212	3303
		5-2	12644	10115	1264
		5-3	15024	12019	1502
		5-4	13289	10631	1993
		5-5	15483	12386	3097
		5-6	16543	13234	2481
		5-7	13203	10562	1980
合计				298362	57641

7.4 中心避难场所规划

城区两个片区距离超过 5km，其中，河东片区集中了大多数的医院、消防站和公园绿地等防灾救灾设施，市政府也在河东片区。因此，只考虑在河东片区内设置 1 处中心避难场所。

中心避难场所从长期固定避难场所中选择。依据《图说村镇灾害与防灾避难》一书所提出的长期固定避难场所规划技术指标，在定性评价的基础上，首先筛选出符合技术指标要求的备选长期固定避难场所，见表 7-13。

表 7-13　河东片区备选长期固定避难场所数据表

序号	场所名称	面积（hm^2）	有效避难面积（hm^2）
1	黄台山公园	51.10	10.22
2	人民广场、市政广场及连片绿地	54.28	15.25
3	生态公园	16.40	3.28
4	纬十街与经四路交叉绿地、停车场	4.34	1.45
5	奥体中心操场、体育馆及绿地	10.80	4.32
6	燕山南路西侧绿地	4.93	1.10
7	燕鑫公益园和人民医院	23.02	6.50
8	市标广场	3.10	1.74
9	河东儿童公园	15.70	4.71
10	大坝北带状公园经四路至平青大路段	9.07	2.72
11	古韵公园	21.17	6.35
12	地志公园	3.76	2.24

从避难场所规划决策支持系统数据库读取备选场所数据，从模型库调用本书避难场所选址适宜性评价模型和 LINGO 软件对备选场所进行适宜性评价计算，系统计算结果如图 7-7 所示。

上述备选长期固定避难场所评价结果按优劣排序为：2＞1＞5＞9＞3＞11＞7＞12＞6＞8＞10＞4。其中，最适宜场所 2，即人民广场、市政广场等及连片绿地，无论在安全性、规模、地理位置和基础设施等方面均具备良好的条件，将其规划为中心避难场所，基本数据见表 7-14，其现状照片如图 7-8 所示。评价结果与专家定性评价结论相符。

规划的中心避难场所为整个县域提供应急指挥、医疗救治、抢险救援、物资集散和伤员转运中心服务，同时可以为责任区内避难人员提供住宿服务。

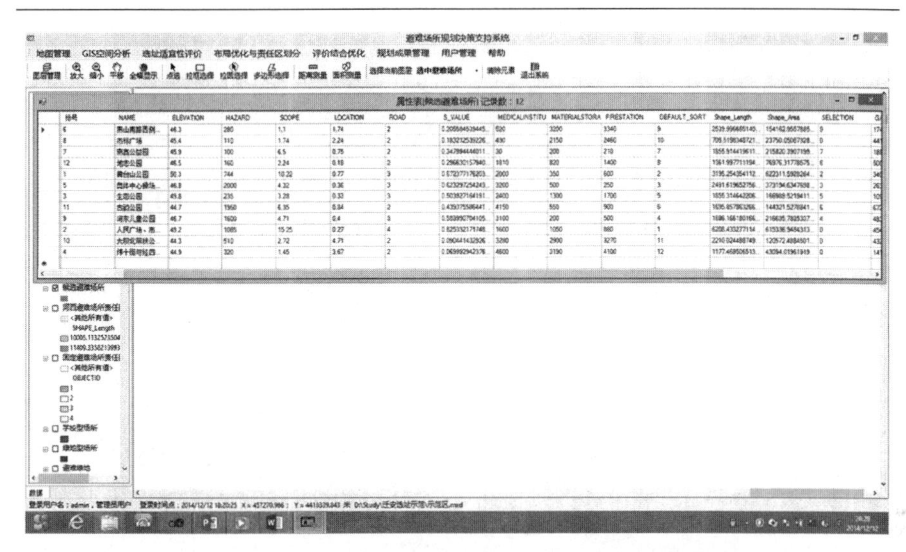

图 7-7　规划决策支持系统适宜性评价计算结果截图

表 7-14　规划的中心避难场所数据表

<table>
<tr><th>场所名称</th><th>位置</th><th>类型</th><th>面积（hm^2）</th><th>有效面积（hm^2）</th><th>容纳人数（人）</th></tr>
<tr><td>人民广场</td><td>燕山大路与惠泉大街交叉口东侧</td><td>公园</td><td rowspan="5">54. 28</td><td rowspan="5">15. 25</td><td rowspan="5">33888</td></tr>
<tr><td>市政广场</td><td>钢城大街与燕山大路交叉口西南侧</td><td>公园</td></tr>
<tr><td>行政办公中心</td><td>燕山大路与钢城东路交叉东南处</td><td>绿地</td></tr>
<tr><td>锦江饭店</td><td>惠泉大街与燕山大路交叉口西南侧</td><td>绿地</td></tr>
<tr><td>第一高级中学</td><td>燕山大路与钢城东路交汇口东南处</td><td>操场</td></tr>
</table>

市政广场

人民广场

行政办公中心

第一高级中学

图 7-8　规划的中心避难场所现状照片

7.5　固定避难场所规划

由于该市为县级市，城区面积较小，仅规划长期固定避难场所就能满足居民的固定避难需求。剔除适宜性评价较差的场所后，备选的长期固定避难场所，见表 7-15。需要说明的是，考虑到学校在灾后复课的需要，这里没有将学校列为备选长期固定避难场所。长期固定避难场所的服务范围按照 3000m 计算。

从避难场所规划决策支持系统数据库读取备选场所数据，从模型库调用本书布局优化与责任区划分模型和评价结合优化的综合模型，对上述备选固定避难场所进行优化计算。其中，系统调用布局优化模型的计算结果，如图 7-9 所示。

计算结果表明，两种方法所选定的避难场所数量和位置一致。按用户要求，采用布局优化与责任区划分模型计算选定固定避难场所的责任区范围。需求区分配到优化选定场所责任区的计算结果，如图 7-10 所示。

表 7-15 备选长期固定避难场所及其基本数据表

场所名称	位置	面积（hm^2）	有效避难面积（hm^2）	场所容量（人）
黄台山公园	河东片区	51.10	10.22	22711
生态公园		16.40	3.28	7289
奥体中心操场、体育馆及绿地		10.80	4.32	9600
燕山南路西侧绿地		4.93	1.10	2444
燕鑫公益园和人民医院		23.02	6.50	14444
河东儿童公园		15.70	4.71	10467
古韵公园		21.17	6.35	14111
地志公园		3.76	2.24	4978
沙河湿地公园（纬八街与经五路西南）	河西片区	10.50	3.15	7000
行政广场（纬七街与经十路）		8.50	4.25	9444
濠沙公园（纬三街与经十路东南）		22.30	6.69	14867
钢城公园（经一路与沙河之间）		13.75	4.13	9178

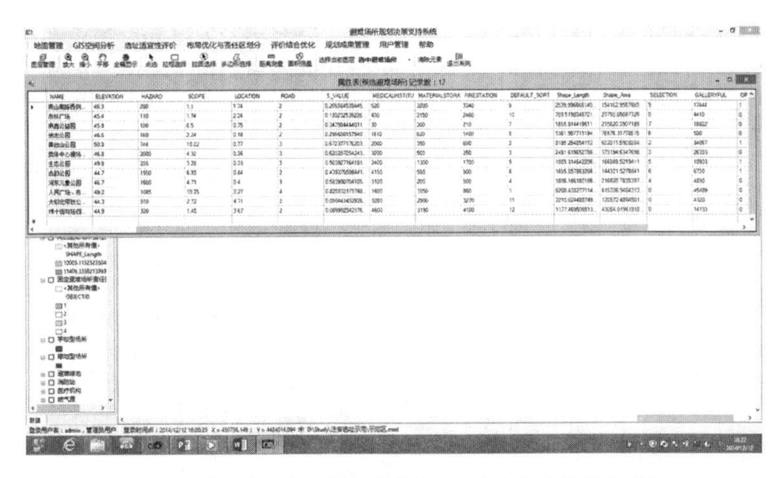

图 7-9 规划决策支持系统场所布局优化计算结果截图

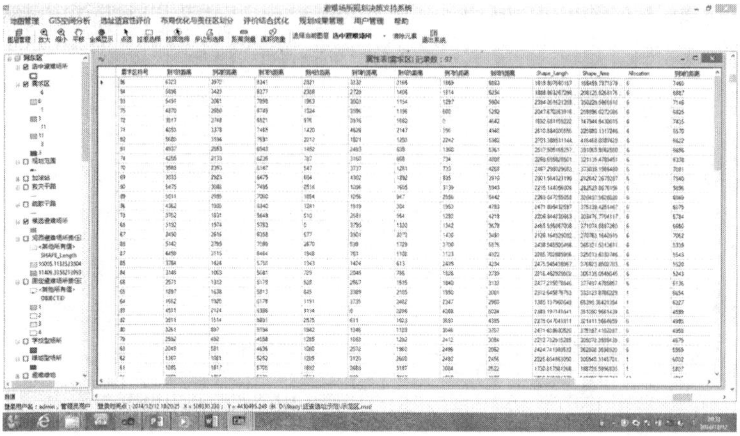

图 7-10　规划决策支持系统需求区分配到选定场所的计算结果截图

规划城区长期固定避难场所的基本数据，见表 7-16。长期固定避难场所的分布及其责任区范围，分别如图 7-11 和图 7-12 所示。部分长期固定避难场所现状，如图 7-13 所示。

表 7-16　规划长期固定避难场所及其基本数据表

编号	场所名称	类型	组团	疏散分区	面积 (hm²)	有效面积 (hm²)	容纳人数（人）
1	黄台山公园	公园	河东	1	51.10	10.22	22711
2	生态公园	公园		2	16.40	3.28	7289
3	河东儿童公园	公园		4	15.70	4.71	10467
4	地志公园	公园		2	3.76	2.24	4978
5	濠沙公园	公园	河西	5	22.30	6.69	14867
6	钢城公园	公园		5	13.75	4.13	9178
合计					123.01	31.27	69490

在城区共规划长期固定有效避难面积共 0.3127km²，可容纳 69490 人长期避难。长期固定避难场所平均规模 5.21hm²，平均人均有效避难面积 5.42m²。

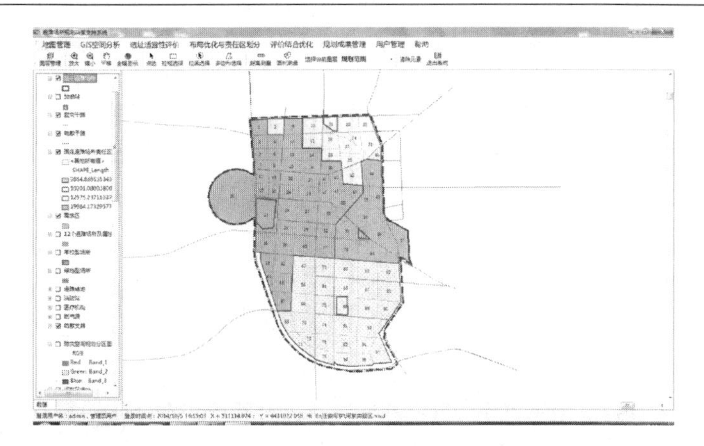

图 7-11　河东片区长期固定避难场所及其责任区范围图

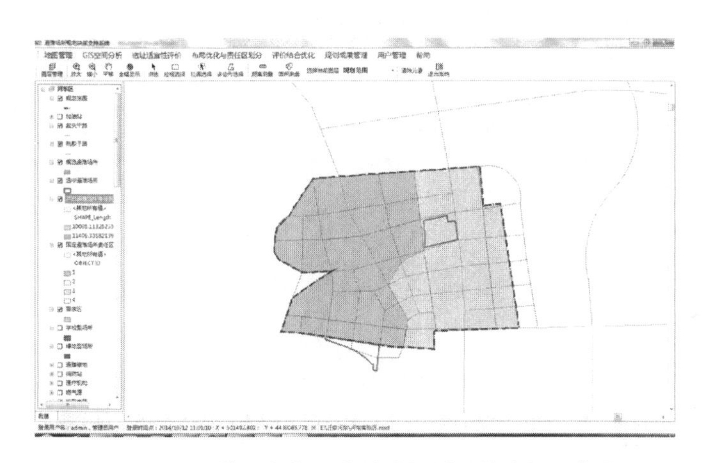

图 7-12　河西片区长期固定避难场所及其责任区范围图

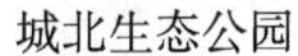

城北生态公园　　　　黄台山公园

图 7-13　规划的部分长期固定避难场所现状照片

7.6 紧急避难场所规划

依据《图说村镇灾害与防灾避难》一书所提出的紧急避难场所规划技术指标，在上述定性评价的基础上，筛选出符合技术指标要求的场所，规划为紧急避难场所。表 7-17 给出了城区规划紧急避难场所及其基本数据。

表 7-17 城区规划紧急避难场所及其基本数据表

编号	场所名称	类型	面积（hm^2）	有效面积（hm^2）	容纳人数（人）
1	大坝东带状公园，祺光大街至北外环段	公园	2.05	0.82	4100
2	第五实验小学	操场	0.70	0.56	2800
3	大坝东带状公园兴安大街至祺光大街段	公园	2.98	0.89	4450
4	祺光大街与阜安大路东北绿地及操场	绿地 操场	1.70	0.68	3400
5	祺光大街与昌盛大路东北小学	操场	0.70	0.56	2800
6	第一初级中学	操场	1.80	1.44	7200
7	祺福大街与阜安大路东南侧小学	操场	0.70	0.56	2800
8	花园街清真寺广场	公园	1.50	0.60	3000
9	祺福大街南侧，昌盛路与燕山路之间	公园	2.50	0.75	3750
10	兴安广场	公园	0.85	0.32	1600
11	大坝东带状公园惠宁大街至兴安大街段	公园	2.32	0.70	3500
12	惠宁大街西段带状公园	公园	2.10	1.26	6300
13	时代广场	公园	0.64	0.32	1600
14	第二高级中学	操场	1.80	1.44	7200
15	惠宁大街与阜安大路东北绿地	绿地	1.27	0.38	1900
16	永顺街与昌盛大路交叉口西北	绿地	0.52	0.21	1050
17	第二初级中学	操场	1.80	1.26	6300

续表

编号	场所名称	类型	面积（hm²）	有效面积（hm²）	容纳人数（人）
18	镇政府，教师进修学校	绿地	2.37	1.10	5500
19	锦江饭店西侧停车场	公园	0.80	0.40	2000
20	第一实验小学	操场	0.70	0.56	2800
21	莲花岛广场	公园	3.00	1.20	6000
22	城北生态公园东侧小学	操场	0.70	0.56	2800
23	第三高级中学	操场	1.80	1.26	6300
24	三里河带状公园丰盛大路与三里河西北	公园	2.20	0.66	3300
25	三里河带状公园丰乐大路与三里河东南	公园	1.13	0.34	1700
26	第三实验小学	操场	0.70	0.56	2800
27	三里河带状公园丰盛路西，纬一街南北两侧	公园	4.20	1.26	6300
28	文化广场	公园	2.05	0.82	4100
29	阚庄绿地	绿地	1.00	0.30	1500
30	三里河带状公园丰盛路东，兴安大街至明珠街段	绿地	2.55	0.77	3850
31	三里河带状公园兴安大街与丰盛大路东南	公园	1.16	0.35	1750
32	第四实验小学	操场	0.70	0.56	2800
33	三里河带状公园明珠街南侧广场	公园	2.21	0.66	3300
34	第二实验小学	操场	0.70	0.56	2800
35	明珠广场	公园	2.65	1.06	5300
36	小王庄小学	操场	0.70	0.56	2800
37	交通局	绿地	0.98	0.44	2200
38	南二环与丰安大路南绿地	绿地	1.15	0.45	2250
39	奥体中心操场、体育馆及绿地	操场	10.80	4.32	9600
40	金都酒店停车场	绿地	1.00	0.60	3000

续表

编号	场所名称	类型	面积（hm^2）	有效面积（hm^2）	容纳人数（人）
41	三里河带状公园三里河西侧，明珠街至北康街	公园	2.50	0.50	2500
42	张李庄村	绿地	1.00	0.30	1500
43	市标广场	公园	3.10	1.74	8700
44	王家园村	绿地	1.00	0.30	1500
45	大坝东带状公园南四环路至钢城东路段	公园	5.75	1.73	8650
46	燕山南路西侧绿地纬七街至南四环路	绿地	4.93	1.48	7400
47	燕山南路西侧绿地及停车场纬八街至纬七街段	绿地及停车场	5.68	1.70	8500
48	凌庄村小学	操场	0.70	0.56	2800
49	某学院	操场	1.80	1.44	7200
50	职教中心	操场	1.80	1.44	7200
51	古韵公园	公园	21.17	6.35	31750
52	燕山南路东侧绿地纬八街至纬九街段	绿地	4.90	1.47	7350
53	燕山南路东侧绿地纬九街至纬十街段	绿地	3.34	1.00	5000
54	燕山南路东侧绿地纬十街至阜安大路段	绿地	2.97	0.89	4450
55	纬七街与经三路西北绿地	公园	3.00	1.00	5000
56	纬七街与经三路东北	绿地	2.45	1.23	6150
57	崔庄村	绿地	0.80	0.32	1600
58	第三初级中学	操场	1.80	1.44	7200
59	挪河村	绿地	1.00	0.30	1500
60	纬八街与经四路西南小学	操场	0.70	0.56	2800
61	燕山南路东侧绿地纬七街至纬八街段	绿地	2.95	0.89	4450
62	纬七街与经五路东南广场	公园	2.23	0.89	4450
63	纬九街与经四路东北广场	公园	2.17	0.87	4350

续表

编号	场所名称	类型	面积（hm²）	有效面积（hm²）	容纳人数（人）
64	谢庄村	绿地	0.80	0.32	1600
65	纬十街与经四路交叉绿地、停车场	绿地及停车场	4.34	1.45	7250
66	平青大路与纬十街交叉绿地	绿地	1.82	0.55	2750
67	大坝北带状公园经四路至平青大路段	绿地	9.07	2.72	13600
68	沙河湿地公园	公园	10.50	3.15	15750
69	纬一街与经三路东南中学	操场	3.04	2.43	12150
70	纬三街与经二路西北广场	公园	1.19	0.48	2400
71	纬三街与经二路东南中小学	操场	2.50	2.00	10000
72	纬一街与经八路东南绿地	绿地	1.61	0.48	2400
73	纬一街与经六路东南小学	操场	0.70	0.56	2800
74	纬一街与纬二街间，经六路东操场	操场	1.09	0.87	4350
75	杨店子镇中心公园	绿地	3.06	0.92	4600
76	纬三街与经十路西北绿地	绿地	2.30	0.69	3450
77	纬三街与纬四街之间，经十一路东	操场	2.50	2.00	10000
78	纬一街与经十一路西南绿地	绿地	2.00	0.60	3000
79	纬三街北，经十路和经十一路段带状公园	绿地	2.63	0.79	3950
80	纬三街北，经十一路和经十二路段带状公园	绿地	1.95	0.59	2950
81	纬四街与经六路西北小学	操场	0.70	0.56	2800
82	纬三街与经八路西南广场	公园	1.04	0.42	2100
83	纬四路与经二路东南	公园	6.00	1.80	9000
84	矿业中小学	操场	1.80	1.44	7200
85	医院西侧小学	操场	0.70	0.56	2800
86	纬五路南，经四路至经五路	绿地	1.42	0.43	2150
87	工人俱乐部	绿地	1.61	0.48	2400
88	体育馆	体育馆	1.00	0.70	3500

续表

编号	场所名称	类型	面积（hm^2）	有效面积（hm^2）	容纳人数（人）
89	钢城西路与经五路东南教育用地	操场	0.70	0.56	2800
90	纬六街与经十路西南操场	操场	1.64	1.31	6550
91	经十路东，纬五路至纬六路绿地	公园	6.20	1.86	9300
92	经十路与纬五路西北小学	操场	0.70	0.56	2800
93	钢城西路北侧，经十路至经十一路公园	公园	2.12	0.64	3200
94	河西行政广场	公园	8.50	3.40	17000
95	纬七路北绿地，经十一路至经十二路	绿地	4.41	1.32	6600
96	纬六路与经十二路西南中小学	操场	2.50	2.00	10000
97	纬五路与经十二路西北	公园	3.74	1.12	5600
合计			244.80	100.26	489300

城区规划范围内安排紧急避难场所97个，有效避难面积合计100.26万m^2，可容纳48.93万人紧急避难。紧急避难场所平均规模1.03hm^2，平均人均有效避难面积3.36m^2。

7.7 应急道路规划

应急道路规划技术指标参考《图说村镇灾害与防灾避难》一书中提出的应急道路分级和规划技术指标要求（见表7-18）。

表7-18 应急道路规划技术指标

应急道路级别	道路有效宽度（m）
救灾干路	≥7
疏散干路	≥4
疏散支路	≥4

以城区对外交通干道为主要救灾干路。结合总体规划布局，在北部、东部和南部三个方向设置救灾干路，其中北部疏散方向共 5 条公路，东部疏散方向共 3 条公路，南部疏散方向共 2 条公路。城区出入口为 10 个。各级应急道路形成网络格局，保证某一线路受阻时可以机动的采用其他路线行驶。规划各级应急道路，分别见表 7-19 和表 7-20；城区应急道路系统规划，如图 7-14 所示。

表 7-19 河东片区规划应急道路一览表

道路名称	起止位置	道路红线（m）	分级
丰安大街	钢城路—平青大路	43	救灾干路
钢城路	迁擂公路—丰安大街	55	救灾干路
平青大路	北外环—纬十街	60	救灾干路
祺光大街	迁擂公路—兴安大街	40	救灾干路
迁雷公路	北外环—平青大路	50	救灾干路
燕山大路 1	北外环—惠泉大街	40	救灾干路
燕山大路 2	惠泉大街—南四环路	50	救灾干路
燕山大路 3	南四环路—纬十一街	54	救灾干路
北外环	迁擂公路—兴安大路	40	疏散干路
阜安大路 1	北外环—钢城东路	40	疏散干路
惠宁大街	迁擂公路—新颖路	43	疏散干路
惠泉大街	阜安大路—经三路	43	疏散干路
经三路 1	南二环路—纬九街	32，40	疏散干路
南二环路 1	燕山大路—丰安大街	43	疏散干路
南四环路	南大坝辅路—平青大路	45	疏散干路
纬九街	燕山大路—平青大路	55	疏散干路
纬七街 1	燕山大路—平青大路	50	疏散干路
兴安大街	大坝辅路—平青大路	28	疏散干路
丰乐大路	北外环—新颖路	31	疏散支路

续表

道路名称	起止位置	道路红线（m）	分级
丰盛路	北外环—明珠街	43	疏散支路
阜安大路 2	钢城东路—南大坝辅路	40	疏散支路
经三路 2	纬九街—纬十二街	32，40	疏散支路
经四路	丰安大路—纬七街	32，40	疏散支路
明珠街	燕山大路—东环路	43	疏散支路
南二环路 2	丰安大街—丰盛路	43	疏散支路
祺福大街	大坝辅路—丰乐大路	25	疏散支路
纬八街 1	阜安大路—经三路	40	疏散支路
纬十街	南大坝辅路—平青大路	50	疏散支路
永顺街	大坝辅路—燕山大路	20	疏散支路
昌盛大路	北外环—永顺街	25	疏散支路
大坝辅路	祺福大街—惠宁大街	20	疏散支路
和平路	永顺街—纬九街	40	疏散支路
花园街	大坝辅路—丰乐大路	20	疏散支路
经五路	南四环路—纬九街	32	疏散支路
南大坝辅路	南四环路—纬十一街	20	疏散支路
纬八街 2	经三路—平青大路	40	疏散支路
纬二街	丰乐大路—东环路	25	疏散支路
纬七街 2	南大坝辅路—燕山大路	50	疏散支路
纬十二街	经三路—纬十一街	20	疏散支路
纬十一街	经三路—纬十街	40	疏散支路
纬一街	丰乐大路—丰盛路	25	疏散支路
新颖路 1	兴安大街—明珠街	12	疏散支路
新颖路 2	明珠街—惠宁大街	18	疏散支路
兴东街	兴安大街—平青大路	28	疏散支路
兆康路	奉安大街—南二环	30	疏散支路

续表

道路名称	起止位置	道路红线（m）	分级
中间路	北外环—惠宁大街	20	疏散支路

表 7-20　河西片区规划应急道路一览表

道路名称	起止位置	道路红线（m）	分级
钢城西路 2	经六路—经十四路	50	救灾干路
规划高速路	滦河大坝西侧	50	救灾干路
经六路	纬一街—纬八街	43	救灾干路
经十一路	纬一街—钢城西路	40	救灾干路
钢城西路 1	经二路—经六路	30	疏散干路
经十二路	纬一街—纬十二街	35	疏散干路
经十路	纬一街—钢城西路	35	疏散干路
纬七街 1	经六路—经十一路	25	疏散干路
纬三街	经一路—经十二路	43	疏散干路
经三路	纬一街—纬八街	30	疏散支路
经一路	纬一街—经二路	30	疏散支路
纬八街	钢城西路—经十路	20	疏散支路
纬七街 2	经十一路—经十二路	25	疏散支路
纬四街	经二路—经十二路	30	疏散支路
纬一街	经一路—经十二路	35	疏散支路
经八路	纬一街—纬七街	25	疏散支路
经二路	纬二街—纬四街	25	疏散支路
经四路	纬四街—纬八街	25	疏散支路
经五路 1	纬五街—纬六街	20	疏散支路
经五路 2	纬六街—纬八街	25	疏散支路
纬二街	经一路—经十一路	35	疏散支路
纬六街	经五路—经十二路	25	疏散支路

续表

道路名称	起止位置	道路红线（m）	分级
纬五街	经三路—经十二路	30	疏散支路

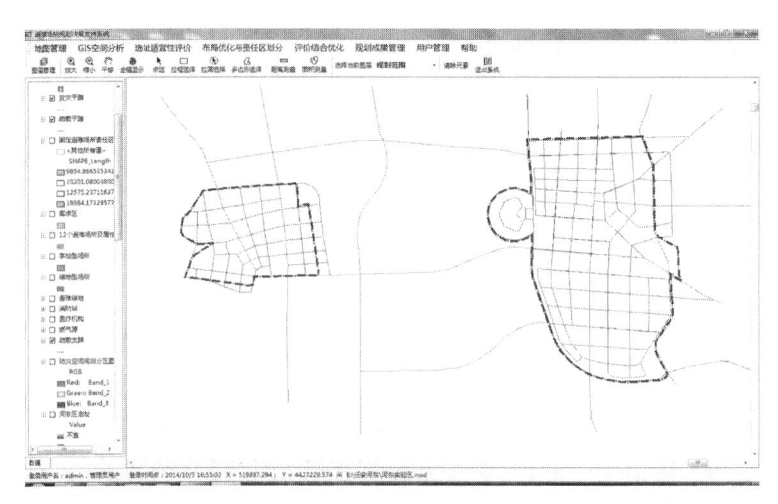

图 7-14　城区应急道路系统规划图

7.8　本章小结

参考《图说村镇灾害与防灾避难》一书所提出的县域城镇避难场所规划技术指标，筛选可利用避难场所和应急道路；在避难场所规划决策支持系统数据库读取候选场所数据，从模型库调用本书选址适宜性评价模型和计算软件评价备选固定避难场所的适宜性和选择中心避难场所；调用避难场所布局优化与责任区划分模型和选址结合优化综合模型，分别计算固定避难场所的数量、位置和责任区范围；将上述计算结果生成专题图，进行可视化展示。

第八章　地震灾害链风险评价方法

目前，避难场所规划最重要的标准依据——《城市抗震防灾规划标准》（GB 50413—2007）规定：“进行城市抗震防灾规划时，应按城市可能发生的地震次生火灾、爆炸、水灾、毒气泄漏扩散、放射性污染、海啸和地震地质灾害等类型，分类制定防治对策”“应针对重大危险源布局，次生灾害危险源的种类、分布和防护措施，城市消防规划和措施进行调查，综合估计地震次生灾害的潜在影响”。地震次生灾害风险评价是防灾规划和避难场所规划重要的前期基础性工作，也是消防规划、重大危险源布局规划、地质灾害防治规划等专项规划的依据。

地震次生灾害是指由于地震造成的地面破坏，城区建筑和基础设施等破坏而导致的其他连锁性灾害，地震引发的一系列灾害现象称为地震灾害链。历史上有多个地震次生灾害的案例，1994 年美国北岭 6.8 级的地震中，因煤气管道被地震破坏引发煤气着火，17 栋居民住宅和多个停车场被烧；1999 年我国台湾集集 7.3 级地震，地震次生火灾使南投酿酒公司存储量约达 470 多 t 的大型酒罐爆炸，直接经济损失高达 60 亿新台币；2010 年我国台湾企业宏远兴业因为突发地震引发火灾，造成 6000 多 m^2 的厂房等建筑物被大火吞噬（见图 8-1），园区内 1000 多名员工被紧急疏散；2011 年东日本地震，导致科斯莫石油公司千叶炼油厂的高压煤气罐掉落，储油罐下的管道喷火，火灾持续了 11 天（见图 8-2）。表 8-1 给出了近几十年来，国内外典型的地震次生火灾、爆炸的案例。

图 8-1　我国台湾宏远兴业厂房在地震后起火

图 8-2　东日本地震导致千叶炼油厂起火

表 8-1　国内外地震次生火灾、爆炸典型案例

时间	地点	次生火灾、爆炸的原因	损失情况
1952 年	美国克恩县地震	PALONA 合成工厂中球罐内液化丁烷逸入大气，气体燃烧引起了火灾与爆炸	大火蔓延到整个工厂，厂区 5 台球罐受损
1964 年	日本新泻地震	当地炼油厂中储油罐的罐盖和罐体接触处振动摩擦起火，同时破坏了安装在储油罐上的化学灭火装置，从而失去化学消防效力。火势迅速蔓延到整个油罐区以及相邻的工厂，工厂发生新的火灾和爆炸，成为第二火源，进而引发更大的火灾	大面积地区烧成废墟，大火持续燃烧 15 天，500 多人死亡，5 个原油库、84 座油罐被烧毁，75%的煤气管道和 11 座变电站被破坏
1994 年	美国北岭地震	由于一处地裂缝，一条 22 英寸的煤气管道裂开，煤气溢出，因一辆卡车发动，引发泄漏的煤气着火	周围数个停车房被烧，大约 100 辆拖车被烧毁，并烧毁附近 17 栋居民住宅
1999 年	土耳其伊兹米特地震	蒂普拉什联合炼油厂厂区的一个炼油塔在地震中倒塌，砸在旁边的三个油罐上引发了大火，同时输油管线断裂，造成石油泄漏助长了火势，导致厂区中储油罐发生了连锁大爆炸	厂区中 30 个储油罐中的 7 个大型油罐先后发生大火，产生连锁大爆炸，大火燃烧 3 天后才被扑灭，造成的直接经济损失高达 50 亿美元
1999 年	我国台湾集集地震	生产绍兴酒和白兰地酒的南投酿酒公司厂房因地震起火后，导致存储量约达 470 多 t 的大型酒罐爆炸	大火持续两天两夜，直接经济损失高达 60 亿新台币
2011 年	日本东北部海域地震	地震导致科斯莫石油公司千叶炼油厂的高压煤气罐掉落，进而储油罐下的管道开始喷火，大火熊熊燃烧，然后引爆了旁边的油罐	事故导致 6 人受伤，直到油罐内的燃油全部烧尽，大火才熄灭，火灾持续 11 天

作为工业发展的一种有效手段，城市工业园区虽在降低基础设施成本、刺激地区经济发展等方面都发挥了重要的作用，但是，工业园区灾害种类形态呈现多样性和集中性，灾害的发展则呈现连锁性和放大性特征。

一旦地震等重大灾害发生，很可能会产生灾害链，发生多种灾害相互次生、衍生并耦合的现象，扩大灾害危险范围和破坏损失程度，造成重大人员伤亡和财产损失，产生大量避难人员，需要被转移安置。本章通过分析工业园区灾害特点，阐述地震次生火灾、爆炸耦合转化的机理，建立灾害链风险评价模型并给出模型参数的确定方法，并以石化系统“地震→火灾”灾害链为例验证模型的有效性，力求为编制工业园区防灾规划和避难场所规划提供实用方法。

8.1 工业区地震次生火灾、爆炸的耦合转化

在研究地震灾害链风险评价模型前，首先需要掌握地震灾害链形成和发展的机理。本节内容主要参考了李天祺、赵振东、余世舟等学者的研究成果，阐述工业园区地震次生火灾、爆炸诱发和蔓延的影响因素以及耦合转化的条件。

8.1.1 工业园区灾害危险性特征

20世纪80年代以来，我国不断发展的工业逐渐从分散形式变为集中化模式，深圳蛇口工业区是中国建立的最早的工业园区之一，之后越来越多的工业园区实现了集中化，从省到地、市再到县的各级工业园相继出现。据统计，截至2014年10月，我国的国家级新区有11个，国家级经济技术开发区215个，其中通过验收批准命名的国家生态工业示范园区20个，国家生态工业示范园区已经批准建设的有62个。“十二五”期间，投资额达到千亿的工业园区已经超过10个，这就意味着我国工业产业模式将迅速发展为集中化、大型化的园区模式。工业园区的发展不同程度地改变了自然生态和社会环境，工业园区的建立有利于资源的优化配置、三废的治理、引进国外的先进技术和资金等，但也遇到了危险源量多且密度大、管理相对滞后等问题。

工业园区作为一个工业企业聚集的特殊区域，其危险特性与单个工业

企业有所不同，呈现出各种灾害高频次、多领域发生和相互次生、衍生并耦合发生的态势。通过分析国内外地震次生火灾、爆炸灾害以及工业区事故灾害，归纳工业园区的灾害特征如下。

1. 重大危险源种类多而且集中

工业园区是由较多的工业企业聚集而成的园区，工业园区的生产很多设备还处于高温高压、超低温或负压的工作条件，各种管线纵横交错，易燃易爆和有毒有害危险物料一般都比较集中（见图 8-3）。

图 8-3 大连石化工业园区密集的厂房和设备

2. 企业之间的重大危险源互相影响

由于园区内企业聚集，园区中火灾、爆炸和有毒气体等重大危险源众多且集中，一旦发生重大事故，很可能对相邻风险源产生影响，造成事故的连锁反应，产生次生、衍生事故。

3. 事故导致灾难的风险高

城市工业园区与单个工业企业不同，如果园区内发生火灾、爆炸等重大事故，由于危险源之间、企业之间的相互影响，可能会造成事故的蔓延，升级为灾难。例如，1989 年 8 月 12 日，青岛市黄岛油库发生特大火灾爆炸事故（见图 8-4），该起事故共 19 人死亡，100 多人受伤，直接经济损失 3540 万元人民币。

图 8-4　青岛市黄岛油库火灾爆炸事故

4. 事故造成的损失巨大

由于工业园区内集聚着一大批企业，一旦园区内发生事故，产生连锁反应，就会对该行业的发展造成沉重的打击，产生巨大的财产损失。例如，2010 年 7 月 16 日，大连市的保税区油库在输油过程中，输油管道突然发生爆炸相继引起了大火，造成 10 万 t 级油罐的大火灾，经过 15h 的生死决战，大火被扑灭（见图 8-5）。火灾造成大量原油泄漏，导致部分原油、管道和设备烧损，另有部分泄漏原油流入附近海域造成污染。事故造成 1 名作业人员轻伤、1 名失踪。在灭火过程中，1 名消防战士牺牲、1 名受重伤。事故造成的直接财产损失为 22330. 19 万元。

图 8-5　大连市保税区油库输油管道爆炸

5. 对环境产生严重影响

工业园区一般建在临海、临江等水陆交通发达的区域，一旦发生重大事故，极有可能对区域内的水体产生严重污染。例如，受2011年东日本大地震影响，福岛第一核电站损毁极为严重，大量高辐射污水排放进大海，对区域海洋生态环境造成了严重影响（见图8-6）。

图8-6　日本福岛核电站发生火灾、爆炸和核泄漏事故

6. 事故的社会影响巨大

工业园区代表了本地区甚至一个国家的工业发展状况及生产能力，一旦工业园区发生连锁的重大事故，很可能引起该工业园区所在城市瘫痪的灾害，由此产生负面的社会效应。

8.1.2　地震次生火灾、爆炸诱发和蔓延的影响因素

1. 诱发影响因素

（1）地震强度。地震作用是震后起火的根本原因。强震将引起剧烈的地面震动，造成工业园区中各种火源翻倒、坠落、毁坏等而使火星溅出，引燃周围可燃易爆物品而引发火灾或爆炸。从历史统计资料中可以得到如下趋势，针对特定的受震区域，在其他起火因素相同的情况下，越强烈的

地震带来的震后起火危险度就越大。

(2) 建构筑物破坏。建筑物在地震作用下，部分倒塌或者产生较大的位移变形，油气管道受震破裂、液化气罐阀门破坏或翻倒而导致大量油气外泄，一旦遇到明火或者高温时便会引发起火，甚至发生爆炸。另外，强烈地震对烟囱的破坏是很大的，由于烟囱破坏，烟火很容易飘出，形成新的点火源，引燃附近的易燃易爆物料，进而发生新的火灾和爆炸。还有，倒塌的建筑物瓦砾会覆盖油气等的泄漏，不易被人察觉，一旦存在火源（如震后电力恢复使短路电线激发火星），就会立即引发火灾（见图 8-7）。

图 8-7 什邡市穿心店化工厂地震遗址

(3) 地基失稳。在软质地基上的建筑物因地震时地基液化，造成建筑物倾倒，造成火灾发生。1978 年日本仙台东部海底地震，仙台市烈度仅 V 度，建筑物本不应有破坏，但因建在了软质填土基础上，破坏竟出乎意料的严重，并引起了大火。

(4) 电气设施破坏。地震时，大地突然强烈震动，建筑物纷纷发生变形甚至倒塌，电网因此受到极大的破坏，极易引起电线短路出现超负荷电流，从而引起相连电器发生过载火灾。强烈地震时，电气线路和设备都有可能损失或产生故障，有时还会发生电弧，引起易燃、易爆物质的燃烧和爆炸。

（5）化学制剂的化学反应。工业园区中化学试剂品种多、性质复杂。强烈地震时，各种化学试剂发生碰撞或掉在地上，容器或包装破坏，化学品剂脱出或流出。有的在空气中可自燃，有些性质不同的化学品剂混合，产生化学反应，引起燃烧或爆炸。

（6）高温、高压生产工序失控。工业中有些生产工序，特别是化工生产中的聚合、合成、磷化、氧化、还原等工序，一般都具有放热反应和高温、高压特点，极易产生爆炸和燃烧。地震时往往停电、停水，正在进行生产的工序，由于停电造成停止搅拌或由于停水失去冷却水的控制，温度和压力骤然上升，当超过反应容器耐温、耐压极限时，就会产生爆炸和燃烧。

（7）易燃、易爆物质泄漏。易燃、易爆物质有气体、液体和固体三种。在工业园区中，主要有天然气、煤制气、沼气、乙炔气、石油类产品、酒类产品、火柴、弹药等。地震时，盛装上列物品的容器、储罐或管道可能损坏，物品脱出或泄出，如遇火源即可起火。有些物质，如火柴、弹药，地震时由于撞击和摩擦，可能产生爆炸和燃烧。有些液体，如石油，地震时管道或容器损坏，液体高速流动，产生很高的静电，在喷入空间时，与某些接地体之间，形成很高的电位差，引起集中放电，引燃液体形成爆炸。该类火灾、爆炸往往规模大，损失严重。1994 年美国北岭地震（6.8 级）中，由于一处地裂缝，一条 22 英寸的煤气管道裂开，煤气溢出，因一辆卡车发动，引发泄漏的煤气着火（见图 8-8），周围数个停车场被烧，约 100 辆拖车被烧毁，并烧毁附近 17 栋居民住宅。

图 8-8　美国北岭地震中煤气管道破坏引发火灾

（8）交通工具碰撞。地震中，汽车、火车、船舶、飞机等交通工具相互碰撞起火也是次生火灾的一个重要成因。在地震发生时，汽车、火车等交通工具失控而发生碰撞，导致交通工具自身起火或所载货物起火，再加上交通工具还有流动性，起火后往往会引燃周围的易燃、易爆物料，导致火灾爆炸的蔓延。

2. 蔓延影响因素

地震次生火灾蔓延的影响因素主要有以下三方面。

（1）建构筑物的破坏。地震次生火灾蔓延也与建构筑物的破坏密切相关。建构筑物的破坏对地震次生火灾蔓延的影响主要有：建构筑破坏造成可燃物暴露，甚至可燃性气体泄漏，使得次生火灾蔓延更加容易；建构筑物的破坏，尤其是倒塌或者局部倒塌，缩短了建构筑物之间的防火间距，缩短了火在相邻建筑之间的蔓延时间，从而加速了地震次生火灾的蔓延；重要建构筑物，如消防站点、城市供水控制系统、供电控制系统所在建筑的破坏，会严重造成消防救援能力的下降，从而影响到地震次生火灾蔓延的控制（见图 8-9）。

图 8-9　日本阪神地震次生火灾在住宅区迅速蔓延

（2）气象因素。“风助火势，火借风威”，在各类气象因素中，风对次生火灾的影响最大，也是最不利于消防灭火的因素。燃烧的三必要条件之一是助燃物，也就是空气。风能加速空气流动，为可燃物燃烧提供充足的氧气，使得燃烧更加剧烈。风不但能引起火灾的发生，也能助长火势蔓延。风速将大大加快火的蔓延，大风往往会引起大面积火灾蔓延，下风向火灾蔓延速度最快，侧风向次之，上风向火灾蔓延速度较慢。火灾在各个方向的蔓延速度都随着风速的增大而增加。当风速很大时，还可能造成飞火，在较远的地方引燃易燃物，形成新的火源。以往的地震次生火灾蔓延资料表明，飞火是其蔓延的途径之一。根据有关实验研究，风速大小与飞火的距离成正比，风力为 5 级时，最大飞火距离为 650m；风力为 6 级时，最大飞火距离可达到 750m。表 8-2 为统计得到的风力与飞火距离的关系。

表 8-2　风力与飞火距离的关系

风力（级）	风速（m/s）	最大飞火距离（m）
5	9.5	650
6	约 13.0	750
7	约 15.0	950
8	约 18.0	1500

除了风以外，其他气象因素也可能会影响到次生火灾、爆炸的蔓延。

雨水使受雨淋的火焰和燃烧物质的温度下降，减缓了燃烧的剧烈程度。如果降雨量足够大，有可能使火灾熄灭；雨水还冷却了火场周围的可燃物，将延缓或阻止火的蔓延。如在唐山地震中，地震次生火灾影响较少的主要原因是当时下了一场大雨，阻止了火的蔓延，有的甚至使火熄灭。

日常火灾经验表明，空气中的湿度影响了火灾发生的频率。同一个地方相对湿度低的季节火灾发生的频率较平常更高。对于地震次生火灾而言，当湿度较高时，一些次生火灾可能由于蔓延条件不够充分，而不能发生蔓延；当天干物燥时，可能会引发次生火灾的蔓延。

另外，气温对次生火灾的蔓延也会有一定的影响。

（3）道路、空地等天然阻火带。地震次生火灾发生以后，由于受到一些天然因素的影响，火焰燃烧到这里将不再蔓延下去，如河流、宽广的道路、大块空地等都会影响火焰的蔓延。日本消防研究所（FRI）和结构研究所（BRI）在阪神大地震后，对这次地震的次生火灾进行了详细调查。阻止火灾蔓延因素的调查结果显示，阻止次生火灾继续蔓延的主要因素有宽广的道路和铁路、公园或者大空地、河流，同时一些防火建筑物也同样具有阻止火灾蔓延的功能。

地震次生爆炸的蔓延主要是通过爆炸产生的灼热碎片和飞火，引爆附近的易爆物料，这种蔓延的影响因子与次生火灾蔓延的影响因子基本相同。

8.1.3　火灾和爆炸耦合转化的条件

本节以石化工业园区为研究对象，研究火灾和爆炸耦合转化的条件。

1. 火灾和爆炸的类型

石化系统地震次生火灾和爆炸，主要可以分为4种，见表8-3。

表8-3　石化系统地震次生火灾和爆炸之间的相互耦合

火灾和爆炸类型	火灾爆炸的耦合转换
泄漏型火灾与爆炸	常温常压下，液化石油气爆炸极限均小于10%，属于易燃气体，与空气能够形成爆炸性混合物
	处理、存储或输送石化系统可燃性物质的容器、机械或设备在地震作用下，使可燃性物质泄漏到外部或使助燃物进入设备内
	可燃性物质泄漏到外部或助燃物进入设备内后，遇到火源后引发火灾及爆炸
破坏平衡型火灾与爆炸	发生火灾时，密闭容器受热，容器里的液体温度上升，气相压力增加
	容器与气相部分接触的壳体发生破裂，高压蒸汽会通过裂缝喷出，容器内压急剧下降
	液相因处于过热状态急剧沸腾而转化为气相状态，同时过热液体内部产生沸腾核，无数气泡增长，液体体积急剧膨胀冲击容器内壁而呈现液击现象
	容器壁在承受这种数倍于最初蒸汽压力的冲击下，裂缝会继续扩大，或发生破坏性爆裂，容器内液体瞬间大量喷出，导致火灾（燃烧）爆炸

续表

火灾和爆炸类型	火灾爆炸的耦合转换
热传递型蒸汽爆炸	低温液体与高温物体接触时，在接触面上产生膜态沸腾，随着高温物体温度的下降，两者之间的温差变小
	低温液体进入转移区域时，沸腾由膜态沸腾向核态沸腾转换
	接触边界上的蒸汽膜迅速消失，两种物体的表面直接接触，大量的热量从高温部分流进低温部分，使低沸点液体的接触部分处于过热状态
	过热状态的低沸点液体在开始急剧核态沸腾时，导致火灾（燃烧）爆炸
反应失控型火灾爆炸	储存具有较大化学活泼性的液化石油气单体的容器中，如果单体内混入具有促进聚合作用的杂质，或添加阻聚剂量偏少，单体自动聚合反应
	反应放热速度超过散热速度，导致体系热量积累、温度升高，从而引起火灾
	大火会使容器内压力增大，进而引起爆炸

石化系统的以上四种火灾爆炸事故类型可以单独发生，也可以几种类型相继复合发生。例如，某个石油储罐在地震破坏作用下发生泄漏着火，被这种火焰加热的储罐会发生第二次破坏平衡型蒸汽爆炸，释放到空气中的可燃性蒸汽云着火，又可以引发第三次泄漏型混合气体爆炸。这些火灾和爆炸形式相互诱发，又相互作用，会造成比单一形式的火灾、爆炸更加严重的危害。

2. 相互耦合转化的条件

通过对以上石化系统地震火灾、爆炸分析可以得知：

（1）在石化系统中，火灾是引发爆炸的一个主要因素。在大火的高温作用下，储存石化原料和产品的储罐和设备自身的材料强度会下降，导致其爆炸极限压力随之大幅下降，容易发生爆炸。

（2）储罐处于外部火焰包围之中，并且未采用耐火保护层和水喷淋冷却的情况时，约 1min 后储罐罐壁温度就可以达到 300℃左右，约 10min 之后，罐壁温度就能达到 600℃左右。

（3）罐壁温度从常温到 600℃的过程中，储罐的爆炸应力会下降约 75%。

（4）由于温度升高，使得储罐自身内部的压力大幅上升，极易达到爆炸极限压力，从而引发爆炸。

（5）爆炸产生的震动和冲击波又会对建构筑物和设备造成新的破坏，有可能导致更多易燃、易爆物料的泄漏。

（6）储罐爆炸后产生的碎片分布范围在 100~500m 内，其灼热的碎片可能点燃附近储存的燃料或其它可燃物，从而引发新的火灾。

火灾与爆炸的这种相互作用，会形成一个恶性循环，最终导致严重的灾害后果。

8.1.4 石化系统地震次生火灾、爆炸耦合转化的模型

在石化系统的地震灾害过程中，出现了多种灾害形式，虽然每一种灾害都有自己的发生、发展过程，但在这个过程中，各种灾害并不是孤立存在的，各种灾害在发生的时间上，有先后顺序。在灾害发生的原因上，前面灾害是后面灾害的诱发因素或是必要条件，就如同一条环环相扣的链条一样，把几种灾害联系在一起，共同形成工业园区的地震灾害链。

如果把各种灾害形式看作是一个链条上的多个环，把各种灾害之间的相互作用关系看作各个环之间相互连接的“节点”，那么石化系统复杂的地震灾害过程就可以简单地看作是一条或是几条灾害链的形成与发展过程。随着灾害链的增长和延续，灾害的种类不断增加，规模不断增大，最后将造成惨重的结果。

灾害链的形成需要一定的条件。首先，在一次灾害过程中需要出现两种以上的灾害形式，如果只出现一种灾害形式，就不会形成灾害链；其

次，出现的灾害形式之间要有关联性，就是要有“节点”的产生，否则也无法形成灾害链；最后，各种灾害形式并不是同时出现的，灾害链也不是突然形成的，而是随着灾害的发展进程依次出现的，在时间上具有延续性。以灾害链的思路来看，就是先出现一个环节，再出现“节点”，然后出现下一个环节，这样环环相扣地延续下去。在灾害链中，“节点”体现了两种灾害形式之间的相互作用关系，是前一种灾害发展的结果，也是后一种灾害的引发条件。就像是连接两种灾害形式的“桥梁”一样，先生成的灾害通过“节点”诱发新的灾害，而新出现的灾害通常又会通过这个“桥梁”反过来使得原来的灾害得到加强。这样相辅相成，使得整个灾害的规模不断扩大，结果更加严重。

1. 地震灾害链形成的机理

石化系统灾害链的形成和系统本身的构成有重要关系。系统内的生产设备相对比较集中，这些设备在生产过程中往往以网络的形式发挥其功效，一旦某个环节出现问题，很容易波及整体，造成难以挽救的灾难；另外，石化工业的生产原料大多是易燃、易爆物品，这为灾害链的形成和发展提供了条件，一种灾害的出现，很容易诱发新的灾害出现，最终形成整条灾害链；此外，地震作为一种强烈地面运动和工程结构强烈振动破坏形式的灾害，也容易促使和诱发灾害链的形成。强烈的震动会增大整个石化系统的不稳定和局部薄弱环节的破坏，从而为灾害链中链条的形成创造条件；最后，地震对通信、交通的破坏将影响应急救灾工作的进行，为灾害链的产生与发展提供条件。

石化系统的工业设备虽然种类和结构形式有很大的不同，但大体可以从功能上把它们分为三类：输送设备（各种油气管道）、存储设备（油罐、气柜）和生产设备（各类发生器和反应塔等）。在地震作用下，这些设备的地震响应和破坏形式互不相同，就可能形成不同的灾害链。

（1）输送设备遭地震破坏所形成的灾害链。由于输送设备主要是各种形式的油气管线，地震破坏形式主要是管线的断裂或破裂，会导致石化原料或产品的泄漏。如果原料或产品是有毒有害的，就会直接对环境形成污染，造成生态灾难；如果原料和产品是易燃、易爆的，遇火就形成火灾，并进一步导致爆炸，燃烧和爆炸生成的烟雾又对环境产生污染。

（2）存储设备遭地震破坏所形成的灾害链。地震会导致油气储罐的破坏或倾覆，有可能使原料和产品泄漏或溢出，同时地震会使设备之间产生撞击和摩擦，极易产生火花，引发大火、爆炸和毒气的扩散。在1964年日本新泻地震中，正是由于储罐的罐盖和罐体相互碰撞，产生火花，才引发了大火，造成难以挽回的损失。

（3）生产设备遭地震破坏所形成的灾害链。生产设备大多为高耸结构，像燃烧炉、蒸发器、焦炭塔等，这些设备在地震作用下常常发生倾斜、倒塌、局部断裂等破坏，会波及周围的设备，引发灾害。例如，1999年土耳其伊兹米特地震中，正是由于炼油厂的一个炼油塔在地震时倒塌，砸在旁边的三个油罐上才引发了大火。此外，如果生产设备正在生产运行过程中发生地震，设备本身的阀门等构件遭到破坏，导致压力升高，也极易发生爆炸、火灾等严重的灾害。

在地震中，这些灾害链可能只出现一种，也可能几种同时出现。

2. 地震次生火灾、爆炸耦合转化的模型

对于地震灾害链来说，有两个主要因素：一个是发生的灾害；另一个就是连接各种灾害的“节点”。把石化系统中较为常见的结构物破坏、火灾、爆炸和毒气扩散作为其中的灾害，它们通过灾害“节点”先后出现，相互作用。灾害链的发展可以有不同的过程，大体上有以下几种：结构物破坏→火灾→爆炸→毒气扩散；结构物破坏→爆炸→火灾→毒气扩散；结构物破坏→毒气扩散→火灾（爆炸）→爆炸（火灾）。具体的形成过程受当时的环境和条件影响会有所不同。

在每个灾害环节中，两种灾害形式之间的节点连接方式各不相同。根据节点连接方式的不同，建立了三种模型来描述灾害链中的灾害环节，分别是串联模型、并联模型和混联模型。

(1) 串联模型。地震次生火灾是灾害链中较为常见的一个环节，在这个环节中通常可认为有三个“节点”：第一个是次生火灾源，这里就是易燃的石化原料或产品，如果没有燃烧物，自然也就无法产生火灾；第二个是灾害源的泄漏，如果可燃物都被很好的密封保存，没有泄漏，也不会引发火灾；易燃物泄漏了，可如果没有被点燃，也不会自行燃烧，所以第三点是点火源，点火源可以是电线短路引起的电火花，也可以是金属碰撞产生的火星，或其他天然或人为火源。地震会破坏石油天然气系统的建构筑物和工业设备，引起灾害源的泄漏；同时，地震也极有可能诱发点火源，从而引起火灾的出现。从上面的分析可以看到，地震和火灾之间由三个“节点”相连，只有同时具备三个“节点”条件，才可能引发火灾，缺失了其中任何一个，都不会有火灾的出现，这种连接的方式很像电路中的串联。地震次生火灾环节的模型图，如图 8-10 所示。其中引发火灾的三个节点是由地震所生成的，一旦火灾出现，它又会反过来加强灾害“节点”，火势的蔓延会造成更多设备的破坏，引发更多的灾害源泄漏，使得整个灾害规模不断扩大。这就说明“节点”的传递在一种灾害时是单向的，当出现第二种灾害时会变成双向传递。

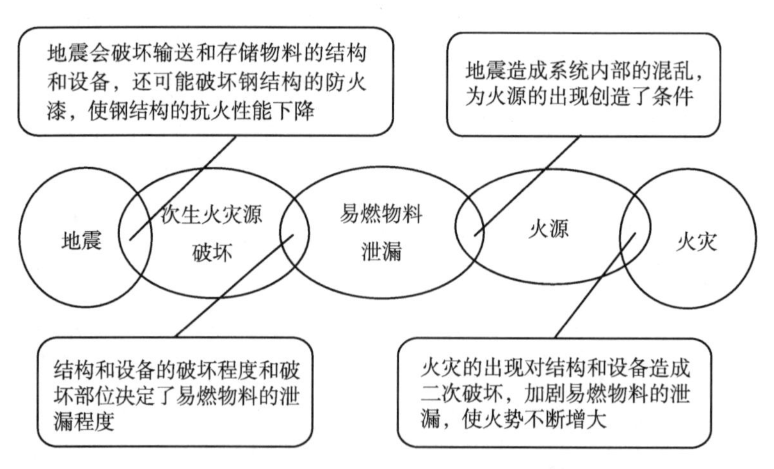

图 8-10　工业园区地震次生火灾的模型

（2）并联模型。出现火灾后，灾害链会继续生成传递。由于石化原料和产品在常压下难以储存，石化系统中会有大量的压力容器，这些容器的压力会随着温度的升高而增大，当压力超过容器的承载极限时，就会发生爆炸；此外，石化工业中还有很多易爆气体，当易爆气体泄漏，且在空气中达到一定浓度范围时，遇到明火也会产生爆炸。这就是灾害链中火灾→爆炸环节，地震次生火灾、爆炸环节的模型图，如图 8-11 所示。火灾和爆炸之间由两个“节点”相连，只要其中任何一条存在，就会引起爆炸，这种连接的方式很像电路中的并联，这里用并联模型来定义它。爆炸后碳氢化合物泄漏所引燃的大火可能产生大量的可燃气体和蒸汽，使爆炸进一步扩展和增大。爆炸所产生的高温碎片又会四处飞溅，产生更多的点火源，从而引发更大范围的火灾。爆炸是一种破坏力极大的灾害，产生的冲击波和热量对一定范围内的建筑物和设备有巨大的破坏力，会使可燃物质进一步泄漏燃烧，从而引发更大的火灾。爆炸使得灾害链快速增长，多种灾害通过“节点”相互作用，使灾害后果更加严重。

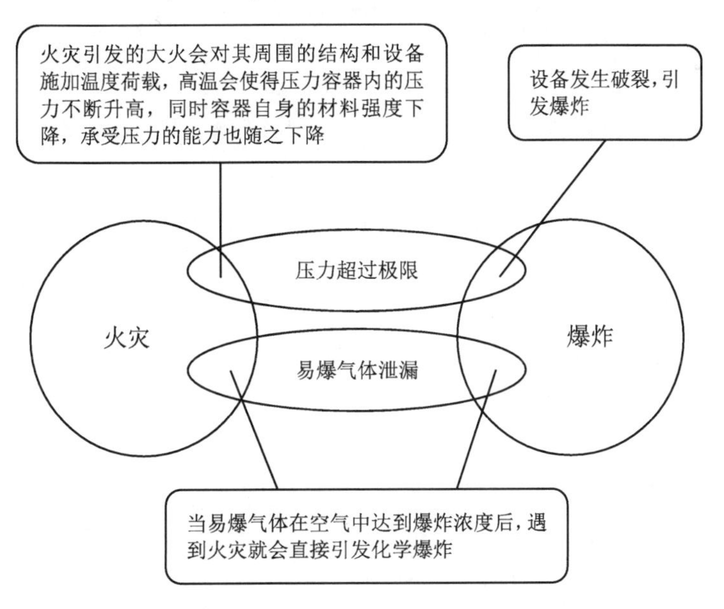

图 8-11　工业园区火灾、爆炸耦合转化模型

（3）混联模型。灾害链中另一个较为常见的环节是地震次生爆炸环节，地震破坏系统内存储易爆气体的设备，使得易爆气体泄漏，当易爆气体在空气中的浓度达到一定的范围时，遇到明火就会发生爆炸。另一个途径是地震破坏了正在运行中的生产设备，使得设备内压力失去控制，从而发生爆炸。地震次生爆炸环节的模型图，如图 8-12 所示。从图中可以看出，生产设备压力失控和火源引爆易爆气体之间属于并联关系，而点火源和易爆气体泄漏之间又存在串联关系。把这种在一个环节中同时出现节点串联和并联关系的情况定义为混联模型。

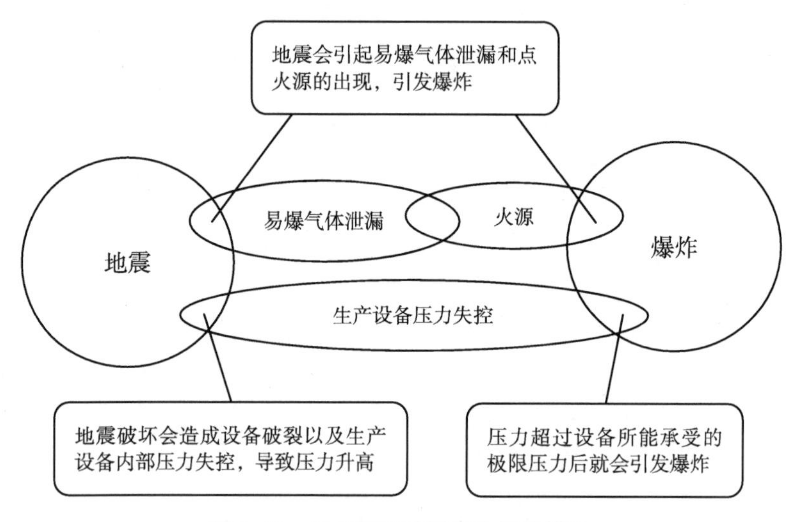

图 8-12　工业园区地震次生爆炸模型

以上所建立的三种基本模型，代表了灾害链中比较常见的节点连接方式，把它们按照不同的顺序进行组合，得到完整的石化系统的地震灾害链模型图，如图 8-13 所示。

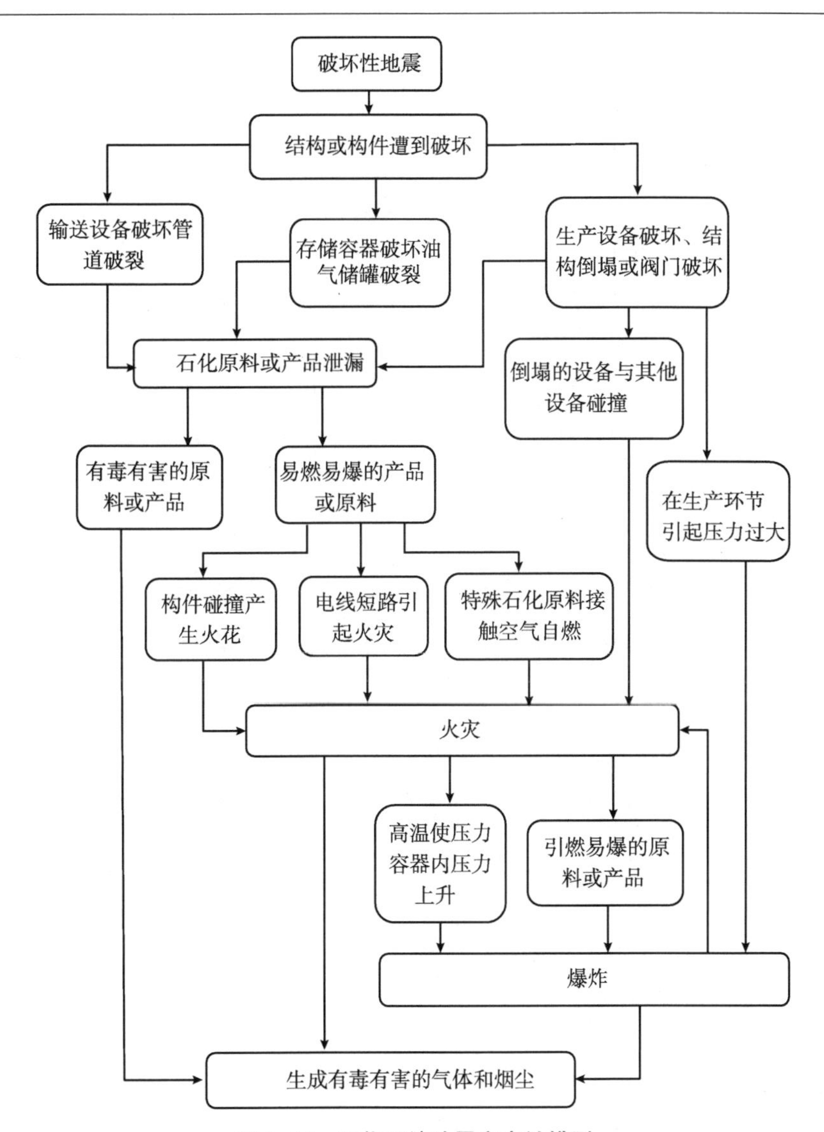

图 8-13　石化系统地震灾害链模型

8.2 地震灾害链风险评价模型

8.2.1 相关研究评述

李天祺等研究了石化系统在地震时地震灾害链的形成过程和机理，并探讨了灾害链的切断与控制的方法。余世舟等以“地震→火灾”为例，研究了地震灾害链的成灾机理，构建了地震灾害链物理模型，通过构建概率评价模型提出断链减灾的方法；王翔基于灾害链网中一个灾害引发另一个灾害的概率，灾害事件所造成的损失和边的脆弱度，提出了区域灾害链风险评价模型；张卫星等以汶川地震灾害链为案例，给出了灾害链风险评价的概念模型；季学伟等运用基于演化动力学的风险评价方法和基于指标体系的风险评价方法等，针对事件链场景进行了定量的风险评价；盖程程等建立了多灾种耦合综合风险评估模型框架，利用 GIS 将单灾种的危险性和易损性进行叠加，依据事件链耦合关系矩阵给出评价结果。

8.2.2 风险影响因素

自然灾害风险是指在一定区域和给定时段内，由于特定的自然灾害而引起的人民生命财产和经济活动的期望损失值，具体可以从灾害的风险性、灾害风险的承灾体和承灾体的脆弱性三个方面进行分析。

灾害风险性的量度主要与风险源的变异强度、灾害发生的概率有关。通常情况下，风险源的变异强度越大，发生的概率越大，灾害的风险也就越高。有了风险源并不意味着风险的存在，还要对人类及其社会经济活动造成损失，这就需要对灾害风险的承灾体进行分析。虽然灾害发生的原因、种类不尽相同，造成的损失也千差万别，但灾害风险的承灾体基本上是由“人—物—环境”三个要素构成。承灾体的脆弱性是指在一定社会政治、经济、文化背景下，某个孕灾环境区域内，特定承灾体对某种灾害表现出的易于受到伤害和损失的性质。一般认为脆弱性越大，越易形成灾害；相反，脆弱性越小越不容易形成灾害。因此，地震灾害链的风险可以从链上各灾害风险源的变异强度、发生的概率、承灾体及其脆弱性四个方面进行分析。

8.2.3　建立风险评价模型

采用网格划分评价区域来确定风险评价的基本单元。从灾害风险源的变异强度、发生的概率、承灾体和其脆弱性四个方面，进行区域内地震灾害链风险场的描述，可表达为

$$R_j = (w_1 \times H_j,\ w_2 \times E_j,\ w_3 \times M_j) \cdot \sum_{i=1}^{N} P_i(v_{ij1}(m_i),\ v_{ij2}(m_i),\ v_{ij3}(m_i)) \tag{8-1}$$

其中，R 为网格 j 灾害综合风险；H_j、E_j、M_j 分别为网格 j 内承灾体人、物、环境无量纲化处理后的值；w_1、w_2、w_3 分别为承灾体人、物、环境在总脆弱性中的权重；N 为灾害链中灾害的总数；P_i 为第 i 个灾害发生的概率，其中，P_1 为灾害源发生概率；m_i 为第 i 个灾害的变异强度；$v_{ij1}(m_i)$、$v_{ij2}(m_i)$、$v_{ij3}(m_i)$ 分别为网格 j 的承灾体人、物、环境，在第 i 个灾害变异强度为 m_i 时的脆弱性。

8.2.4　各参数的确定

1. 承灾体的无量纲化处理和权重的确定

因灾害承灾体“人—物—环境”三个要素的物理单位不统一，进行计算时需经过无量纲化处理。刘茂在《事故风险分析理论与方法》中利用了环境与建筑受体的覆盖区域，对环境和建筑进行无量纲化处理。本书对此进行了改进，采用环境与建筑受体的估价进行计算，这样计算出的数据更准确，且不必对环境与建筑进行分类。具体方法如下：

（1）人类的量化因数 H_j：

$$H_j = \frac{n_j}{N} \tag{8-2}$$

其中，n_j 为网格 j 内的人数；N 为研究区域内总人数。

（2）物可视为建筑物、构筑物，其量化因数 M_j：

$$M_j = \frac{a_j}{A} \tag{8-3}$$

其中，a_j 为网格 j 内建筑物、构筑物的估价；A 为研究区域所有建筑物、构筑物的总估价。

（3）环境：

$$E_j = \frac{b_j}{B} \tag{8-4}$$

其中，b_j 为网格 j 内环境受体的估价；B 为研究区域所有环境受体的总估价。

承灾体权重可以利用层次分析法来确定。根据 ARAMIS 邀请 38 位专家运用层次分析法评价受体脆弱性的结论，总体脆弱性中"人"约占 75%，环境和建筑各约占 20%与 5%。

2. 以石化系统为例的地震灾害链发生概率分析

地震灾害链中地震为链源，其发生概率可以采用《工程场地地震安全性评价》（GB 17741—2005）规定的地震危险性概率分析方法进行计算，其主要特点在于考虑了地震活动的时空不均匀性。确定地震统计单元（地震带）和在地震统计区内划分潜在震源区，根据分段泊松分布模型和全概率公式，计算地震统计区内发生 m 档地震的概率和统计区内部发生的地震影响到场点地震动参数值超越给定值的年超越概率，综合所有地震统计区的影响，给出场地概率地震危险性分析结果。

灾害链中，除了链源的其他灾害发生概率是指前一灾害引发这一灾害的概率，链源不同于单一灾害事件发生的概率。王翔、张卫星等采用存在前后因果关系的两个灾害事件共现的概率来表达，借助 Jaccard 指数评价灾害事件因果共现率。在工业园区，地震引起火灾、爆炸、有毒气体扩散等灾害的概率，利用事故树分析方法计算更为合适，要用到下面两式计算：

$$P_e = 1 - (1 - q_1)(1 - q_2)\cdots(1 - q_m) = 1 - \prod_{i=1}^{m}(1 - q_i) \tag{8-5}$$

$$P_e = q_1 q_2 \cdots q_m = \prod_{i=1}^{m} q_i \tag{8-6}$$

以上两式中，P_e 为输出事件 e 的概率；q_i 为第 i 个输入事件的概率；m 为该逻辑门处输入事件的个数。式（8-5）用于产生输出事件的输入事件之间为“或”的关系，而式（8-6）用于输入事件之间为“与”的关系。如图 8-14 所示，工业园区石化系统“地震→火灾”灾害链中输送管道破坏、存储容器破坏和结构倒塌导致了易燃、易爆物料泄漏，其为“或”的关系；而易燃、易爆物料泄漏遇到火源导致火灾，其为“与”的关系。计算概率时应注意，式（8-1）中的 P_i 为前 i 种灾害共同发生的概率，而非第 $i-1$ 种灾害发生时，第 i 种灾害发生的条件概率。

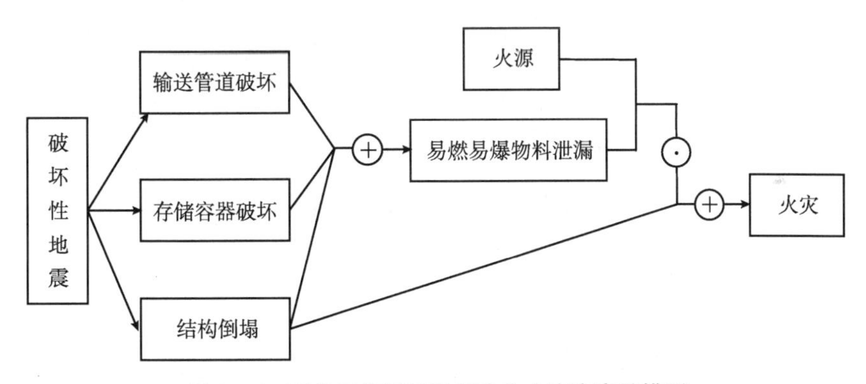

图 8-14　石化工业园区地震次生火灾灾害链模型

对石化系统地震灾害链中其他节点主要涉及到管道破坏、存储容器破坏和建筑结构倒塌等，因涉及的因素很多，准确确定其概率比较困难。例如，存储容器的破坏，这不仅与地震的物理效应有关，还与存储容器的材质、位置、地基等因素有关。对于其概率的计算通常的方法有基于概率函数法、基于经验数据、基于有限元法的抗震验算、基于人们对灾害事件概率的主观认识由专家打分获取。

2. 承灾体脆弱性分析

对于单一灾害承灾体脆弱性的评价方法主要有根据历史数据判断区域脆弱性、基于指标体系的区域脆弱性评价及基于实际调查的承灾个体脆弱性评价。对于灾害链中灾害的发生时间上有延迟，后果的影响区域也会有重叠，但对于一个网格来说，灾害链中各灾害的同一承灾体的脆弱性相加应小于等于 1，即满足

$$\sum_{i=1}^{N} V_{ij} \leqslant 1 \tag{8-7}$$

其中，N 为灾害链中灾害的总数；V_{ij} 为网格 j 中，第 i 个灾害发生时，同一承灾体的脆弱性。

8.2.5 灾害风险等级划分

确定各网格的灾害风险等级可以判断该区域的风险水平、是否可以接受，以及确定风险的优先处理权。灾害风险等级的确定一般要考虑灾害事件的发生可能性和造成的损失两个因素。本书根据式（8-1）计算的灾害链风险场（综合灾情指数），可以按表 8-4 进行受灾风险级别划分。这样，不同级别区域可以在 GIS 图中用不同颜色表示加以区分。

表 8-4　灾害等级划分

综合灾情指数	受灾级别
$R \geqslant 0.40$	极重灾区
$0.40 > R \geqslant 0.15$	主灾区
$0.15 > R \geqslant 0.01$	一般灾区
$R < 0.01$	受影响区

8.2.6 算例

某工业园区是钢铁、石化、电力、港口和装备制造业聚集区。其中，

石化区位于工业区东南部，规划用地规模 27.8km^2，石化区内生产、储存、使用、经营、运输和处置着大量危化品。一旦地震来袭，容易导致危化品泄漏、火灾、爆炸等次生灾害，形成灾害链，扩大灾害的危害范围，加大破坏损失程度。

算例分析区域为石化区原油码头储库，该储库现有 8 个存储甲烷的储罐，如图 8-15 所示。工业区内没有农田、自然保护区等环境承灾体，因此，这里只分析“地震→火灾”灾害链对人和建筑物、构筑物造成损失的风险。先要对区域内人口密度进行统计，对建筑物、构筑物的造价进行评价。根据刘茂在《事故风险分析理论与方法》中运用层次分析法评价的结论，承灾体人、物在总脆弱性中的权重分别为 0.936 和 0.064。

图 8-15　某工业园区原油储库卫星图片

该区域地震发生概率采用《工程场地地震安全性评价》（GB 17741—2005）规定的地震危险性概率分析方法进行计算，得到 50 年超越概率

10%基岩地震动水平向峰值加速度为125.3g。根据历史数据判断，其对建筑物、构筑物造成中等以上破坏为55%；根据尹之潜在《地震灾害损失预测研究》一文中的模型，预测建筑物内人口死亡率为2.85%。经过专家评价，该强度地震引起火灾的条件概率为21.70%，可求得地震、火灾同时发生的概率为2.17%。根据《事故风险分析理论与方法》中喷射火计算模型和火灾热辐射对人体的伤害概率公式，可求得火焰长度、热辐射距离与人口死亡率的关系（暴露时间为30s），以及对建筑物的破坏半径。该区域综合风险分析具体结果如图8-16所示，工业区的“地震→火灾”灾害链风险从颜色深到颜色浅依次减小。

图8-16 在GIS平台模拟的“地震→火灾”风险分析结果

这里需说明，因该工业区为新建工业区，建筑物、构筑物的设计等环节符合相关规划规定，如按表8-4的等级划分，只分“一般灾区”和“受影响区”两个级别。而图8-16中，为体现不同区域的风险场值不同，对风险场值重新进行了分类，并以不同颜色进行表示。

8.3　本章小结

本章通过对国内外地震次生火灾、爆炸案例分析和归纳前人的研究成果，阐述了地震次生火灾、爆炸诱发、蔓延的因素，以石化系统地震次生火灾和爆炸为例，分析其相互作用和耦合转化的条件，归纳并给出地震次生火灾、爆炸耦合转化的模型图和地震灾害链演化的模型图。

考虑到灾害发展的复杂性和连锁性，提出从灾害的变异强度、发生的概率、承灾体和其脆弱性等四个方面描述地震灾害链风险场，并建立了灾害链风险评价模型。该模型参数的确定中，灾害链中前一灾害引发后一灾害的概率，利用事故树分析方法，按输入事件之间为“与”和“或”的关系处理，分别计算其输出事件概率。提出利用估价的方法，对承灾体中环境与建筑受体进行无量纲化处理。最后，以某工业园区原油储库“地震→火灾”灾害链为例，验证了该模型的有效性。

第九章 避难场所设计理论与方法

我国在2003年就建设了避难场所的示范工程——北京元大都城垣遗址公园避难场所。据不完全统计，截至2012年12月月底，全国除西藏自治区外的所有省、自治区、直辖市均开展了不同等级的避难场所建设，建成或在建的各类避难场所约13000处。但是，由于缺乏避难场所设计方法和要求，使各地避难场所建设受到很大制约。已公布建成的避难场所中，有些只设置了部分标识，场所内没有或少有实质的应急设施，这些对灾后应急疏散造成了隐忧。例如，2008年汶川特大地震发生后，避难场所数量严重不足，人们选择在街头、路边、体育场等场所避难（见图9-1）。临时指定的绵阳市九州体育馆避难场所，原设计容纳6050人，从2008年5月13日至6月29日接待的避难人员约10万人次，避难人数远超场所容量，场所内功能分区不合理，缺乏必要供水、供电、排污以及垃圾储运等设施，这些给避难人员生活以及救灾工作带来了诸多不便。

《城镇抗震防灾规划标准》（GB 50413—2007）和《地震应急避难场所场址及配套设施》（GB 21734—2008）等国家标准的颁布实施，标志着我国避难场所有了规划建设标准。2008年汶川地震后，《建筑工程抗震设防分类标准》（GB 50223—2008）等标准的修订也增加了对避难场所的建设要求。但这些标准主要针对避难场所规划提出了要求，基本没有可操作性的设计规定。本章探讨了避难场所的平灾结合设计、应急住宿区设计和应急设施配置等问题，力求推动避难场所设计理论与方法的发展。

图 9-1　汶川地震后绵阳市九州体育馆内避难人员的拥挤状况

9.1　避难场所平灾结合的设计要求

重大突发性自然灾害和事故灾难发生的频率很低，如果只建设单一避难服务功能的避难场所，势必会造成很大的浪费。国内外避难场所建设普遍采用平灾结合的方式，平时是用于教育、体育、公务、休闲以及生活、生产活动的场所，通过应急设施的设置使其具备应急避难的功能，灾时能有效地转换成避难场所。这是避难场所设计区别于其他应急设施设计的主要特点。

平灾结合是设计避难场所的基本原则，常规设施和应急设施的和谐与整合是避难场所设计的重要理念，通过整合设计使一个公园或学校具有一般公园或学校和避难场所的双重功能。整合设计涉及所有常规设施和应急设施，主要可以归纳为以下八个方面。

9.1.1　避难场地与学校操场、公园广场和绿地等的整合设计

具备避难住宿功能的固定避难场所是在学校操场、公园内广场和绿地

上搭建避难空间设施（帐篷等），供避难人员安全避难，必须实现避难场所与操场、公园广场和绿地的整合设计。平时是操场、广场和绿地，灾时启动应急功能，转化成避难场所。学校操场、公园广场和绿地的防灾功能划分、避难场所的布局、灾时向避难场所的转化程序是整合设计的要点。

学校操场、公园广场和绿地的规模是影响避难场所与操场、广场和绿地整合设计的重要因素。面积过小的公园或绿地只能用作紧急避难场所，其内不设避难空间设施；有效避难面积 0.2hm^2 以上中小学、公园可以用作短期和中期固定避难场所（见图 9-2），是居民避难的主要场所；有效避难面积大于 5hm^2 的可以用作长期避难场所（见图 9-3）或中心固定避难场所。

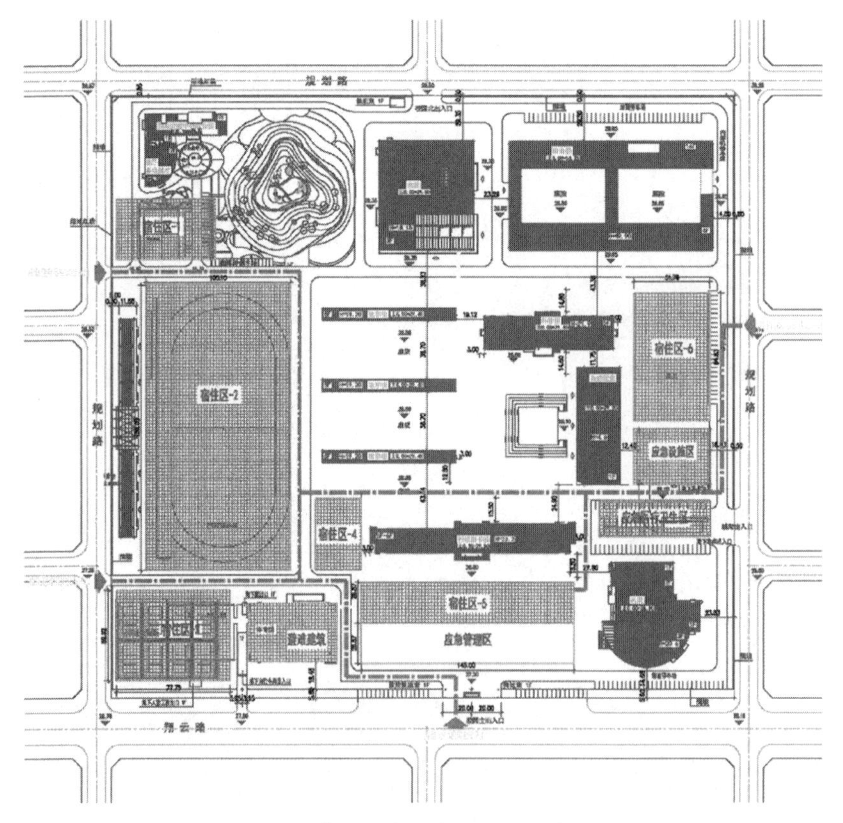

图 9-2　唐山一中避难场所平面布置图

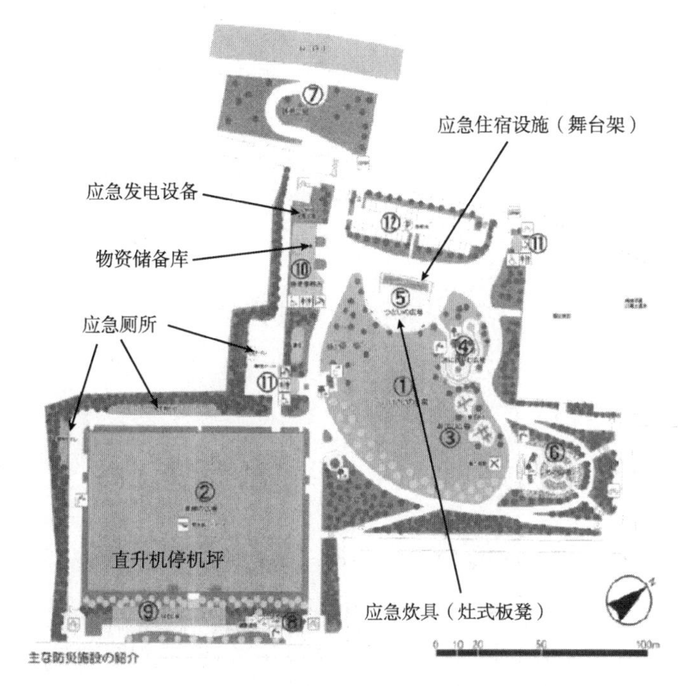

图 9-3　日本市川市广尾防灾公园平面布置图

应急道路是避难场所的重要组成部分。必须整合设计，平灾共用满足防灾要求的避难疏散道路、救援物资运输道路和消防道路，为平时教学、游憩与灾后救援、避难安全提供良好的交通环境。

公园广场不宜大面积用钢筋混凝土硬化，应当保持松软的地面或栽植较矮的花草，为搭设帐篷等避难空间设施提供方便。

9.1.2　树木与防火树林带的整合设计

能够防止、减缓火灾延烧，减轻建筑物落物引发的灾害，对市民避难生活起辅助作用的植被称为防灾植被。设计防灾植被带时，需按照学校或公园外围的拟生火源及火灾发生后延烧的环境、气象条件等设定火灾规模，相应地规划防灾植被带的构成。防灾植被带一般设在学校或公园四周，以防火树林带为主，平时是绿地景观，当外围发生火灾时起防火作用。

从公园外围火灾现场到避难场所的地域，可以划分为火灾危险区、防火植被带和避难场所（见图 9-4），即通过防火植被带隔离火源与避难场所，确保发生严重火灾后，不受或减轻火灾对避难场所的威胁。

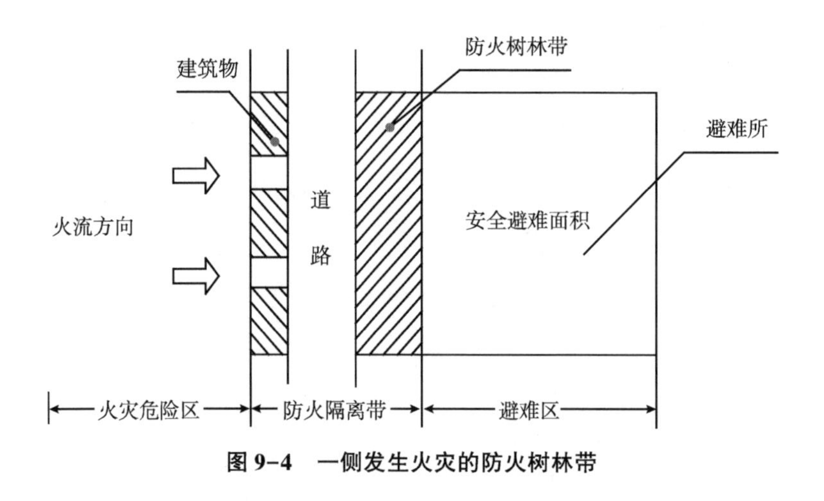

图 9-4　一侧发生火灾的防火树林带

根据火灾规模设计防火树林带的树种、宽度与高度。宜选择火焰遮蔽率高、抗火性能强的树种构建防火树林带。防火植被带的植被也可以采用草坪等，但和防火树林带比较，应当适当提高植被带的宽度。

9.1.3　水景设施与应急用水设施的整合设计

避难场所的应急用水设施主要有抗震储水槽、水井、洒水装置等。

抗灾储水槽（见图 9-5）储备避难初期避难人员使用的饮用水、生活用水。灾时城镇给水系统瘫痪时，启用抗灾储水槽。整合设计的一个重要思路是抗震储水槽与平时的城镇供水系统相通，成为系统的一个组成部分。灾时，关闭抗灾储水槽出水口，槽内储存的水量能够满足避难人员的应急需求，即储存避难人员三天的饮用水和基本生存生活用水。

图 9–5　防灾公园的抗震储水槽

公园的水井平时提供生活用水，灾时用作饮用水和基本生活用水等（见图 9–6）。

图 9–6　防灾公园使用的压水井

水池平时是学校、公园景观，并提供消防用水、生活用水和浇灌植被用水。灾时，用作消防用水、洒水装置用水。如果水池提供饮用水，需要确定是否设计安装灭菌、过滤装置（见图 9–7）。

图 9-7　防灾公园使用的净化水超过滤与紫外线杀菌装置

灾时，电力系统可能暂时瘫痪，各类用水设施宜设置人工抽水泵，采用电动泵时，储备相应的电源。

9.1.4　广播设施、通信设施、发电设施和照明设施的平灾整合设计

广播设施平时为学校师生和公园游人提供各种信息，灾时给避难人员提供灾情情报。整合设计是由平时广播线路和灾时广播线路组成的广播设施系统。例如，在公园管理机构内安装麦克风，园路、公园进出口和灾时的避难场地配置一定数量的扬声器。灾害发生时，启用灾时广播线路，为避难人员提供避难行动与避难生活信息。

整合设计通信系统时，应充分考虑严重灾害发生后平时通用的通信系统有可能遭受严重破坏而瘫痪。因此，在平灾结合的通信系统中宜设置包括卫星通信、航空通信等现代通信手段在内的灾时通信系统，确保灾时信息畅通。通信系统应当具有抗灾性能，并有备用电源。在信息网络环境下，应当充分发挥信息网络的抗震减灾功能。

平灾结合的公园电力系统，应积极采用太阳能、风能等自然能源发电，这是学校和公园电力系统整合设计的理念（见图 9-8）。这样的系统

不会因为城镇供电系统瘫痪而中断避难场所电源和照明用电。

灾时照明重于平时照明。避难场所室内外的照明系统原则上部分或全部使用平时的照明系统，设置电源转换器（见图9-9），严重灾害发生后，把照明系统切换到灾时电源上。灾后，如果没有照明设施，夜间避难者摸黑避难或在黑暗中渡过避难生活，必然带来诸多安全隐患、行动困难和避难者心理上的恐慌。手电筒是一种使用极为方便的电源，避难场所宜储备一定数量的手电筒和相应型号的电池。

图9-8　日本市川市广尾防灾公园设置的应急发电设备

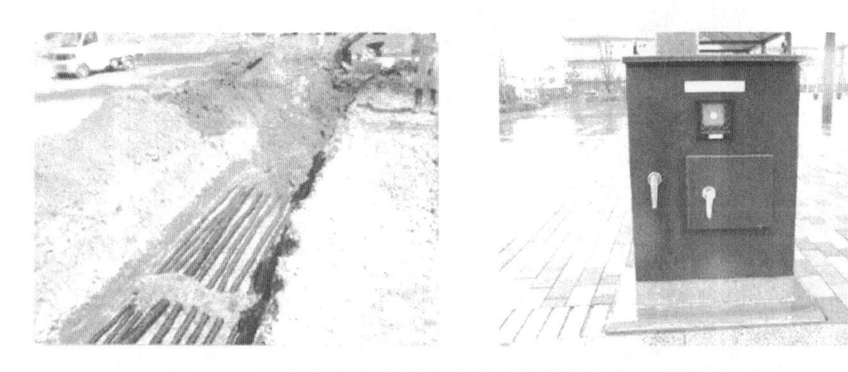

图9-9　日本市川市广尾防灾公园铺设的应急电缆和配电柜

9.1.5　仓库与救灾物资储备库的整合设计

救灾物资储备库可以设在避难场所内，也可以设在城镇救灾物资储备库及其分库或者大型商场的仓库等。储存灾时急需的食品、帐篷、衣物、药品、医疗设备及发电设备与照明电源等。避难场所仓库可以适量储备一些平灾都能使用的物品，如锹镐、手推车、绳子等。

大型仓库宜采用钢筋混凝土结构，确保严重地震灾害时不倒塌，不发生严重破坏（见图 9-10）。夏天应排风、降温、减湿。储备的物资，凡有保质期的，应适时进入商品流通和实用环节，确保各类物品灾时安全使用。

图 9-10　日本市川市广尾防灾公园的物资储备仓库

9.1.6　入口形态与外围形态的整合设计

由于学校设计时，出入口形态和宽度普遍考虑了人员疏散的要求，基本能满足避难人流或车辆通行。公园型避难场所（防灾公园）需要针对避难需求进行入口形态、外围形态的整合设计。灾时，避难人员通过出入口进入避难场所避难，各种救援车辆通过出入口运送救援物资、重伤员。设计避难场所时，应当计算避难场所的避难人数与完成避难的时间、计算避难疏散通道总宽度、设计出入口宽度和车道数量等。另外，出入口至少有一处可以进出残疾人轮椅，道路不能有过陡的斜坡，有条件的城镇避难疏散道路宜设盲道。出入口护栏易于拆除，以便灾时扩宽入口通道，便于避难人流或车辆通行（见图 9-11）。

避难场所的外围形态应当创造避难人员顺畅进入内部避难的环境与条件。公园附近的避难者希望从公园外围的任何部位进入公园避难，避难中遇到火灾等灾害时，有畅通的撤退出口。通常，公园的外围设有护栏、栏石、围墙，设计的形态应方便避难者出入。

图 9-11　日本大洲防灾公园的出入口形态

9.1.7　厕所的平灾整合设计

严重灾害往往造成给排水系统瘫痪，平时使用的水冲厕所不能使用。在这种情况下，应当为避难人员开启临时厕所，并由专人管理。

有与平时厕所兼用型和临时设置型等多种类型。依据避难场所的具体情况选择合适类型。确定大小便的处理方法。若下水系统有排水功能，大小便可直接排入下水系统（见图9-12、图9-13）。

图9-12　日本市川市广尾防灾公园建设时将便池安装在下水管道上面

图9-13　日本防灾公园应急厕所

9.1.8　管理机构的平灾整合设计

避难场所平时由教育和园林部门管理，灾时则由教育、园林部门和城镇应急指挥机构双重管理（见图9-14）。平时负责学校和公园等的管理事宜，灾时按照应急指挥机构的要求，启用应急设施，为灾民提供避难场所，参与避难行动和避难生活的管理与运营。

图 9-14　可转换为应急管理机构的防灾公园管理事务所

避难场所管理机构所在的建筑宜采用抗震能力强、防火性能高的钢筋混凝土结构。管理机构昼夜有人值班，值班人员熟悉避难场所的管理业务与启动程序。

9.2　避难场所应急住宿区设计指标

应急住宿区设计是避难场所设计的核心内容。因为应急住宿区的规模决定避难场所的类型和功能，在避难场所类型和功能确定后，应急住宿区的设计不仅涉及住宿区自身的布置、场地及平灾转换，也为其他各类应急设施布局提供依据。以下根据作者参编完成的国家标准《城镇防灾避难场所设计规范》（报批稿），提出了避难场所应急住宿区的设计内容和要求。

9.2.1　应急住宿功能

避难场所的应急住宿功能是，为避难人员提供避难生活空间，并确保避难人员的基本生活条件。应急住宿区必须具备可搭设棚宿设施的开敞空间或避难建筑，并具备满足避难人员基本生活需要的开水间、医疗卫生室、公共卫生间、盥洗室、办公室等应急公共服务设施（见图 9-15）。

图 9-15　公园内的开敞空间适合布置应急住宿区

《城镇防灾避难场所设计规范》（报批稿）按照配置的功能级别、避难规模、服务对象和开放时间，把避难场所分为紧急避难场所、固定避难场所和中心避难场所。其中，紧急避难场所是用于避难人员就近紧急或临时避难的场所，也是避难人员集合并转移到固定避难场所的过渡性场所，不具备应急住宿功能；固定避难场所是用于避难人员固定避难和进行集中性救援的避难场所，分为短期（≤15 天）、中期（≤30 天）和长期（≤100 天），均具备应急住宿功能；中心避难场所是具备救灾指挥、应急物资储备、综合应急医疗救援等功能的长期固定避难场所，具备应急住宿功能。

9.2.2　避难容量计算

避难容量是指避难场所按正常避难需要可容纳的避难人数，是确定避难服务范围、进行避难场所设计及管理的依据。在避难场所设计中，需要先划定住宿区及其规模，依据收容的避难人数多少再设计各种应急设施及其容量。

避难容量采用避难场所应急住宿区的有效避难面积和人均有效避难面积的指标计算。其中，有效避难面积是避难场所内用于人员安全避难的避难住宿区及其配套应急设施的面积。设置于避难场所的城市级应急指挥、医疗卫生、物资储备及分发、专业救灾队伍驻扎等应急功能占用的面积不包括在内；人均有效避难面积是在不同应急期单人净使用面积的基础上，考虑应急住宿区配套设施的人均占地面积。在估算单人净使用面积时，需要考虑避难人员站、蹲、坐、躺四种基本行为动作（见图 9-16）。而且，考虑到避难人员避难时焦虑、紧张及人员混杂等影响，避难人员不可能长时间保持某一静态动作，要求人与人之间有一定的空间，进行动作转换或用于人员流动。中长期避难还需要考虑避难人员放置携带少量生活物品的占用空间。避难人员人均有效避难面积不应低于表 9-1 的规定。

1.0 人/m²

2.0 人/m²

图 9-16 日本筑波大学所做的人群密度试验

避难场所通常由若干个住宿单元组成避难住宿区，完成避难住宿功能，在住宿单元中能正常用于搭建避难房屋、帐篷。

避难容量按式（9-1）计算：

$$C = \sum_{i=1}^{n} \frac{A_i}{A_{mi}} \tag{9-1}$$

式中：C 为避难容量（人）；A_i 为避难场所内第 i 个避难住宿单元的有效避难面积（m^2）；A_{mi} 为避难场所第 i 个避难住宿单元的人均有效避难面积指

标（m^2/人）；n 为避难住宿避难单元总数量。

表 9-1　不同避难期的人均有效避难面积指标

适用场所	紧急避难场所		固定避难场所		固定、中心避难场所
避难期	紧急（1d）	临时（3d）	短期（15d）	中期（30d）	长期（100d）
人均有效避难面积（m^2/人）	0.5	1.0	2.0	3.0	4.5

9.2.3　住宿场地设计

住宿场地的基本特征是具有居住安全性，即避难人员所在的应急住宿区在主灾之后不发生次生灾害，场地及周边没有次生灾害源和严重污染源。住宿场地设计应综合考虑灾害环境、气候、地形地貌、基础设施配套及责任区人员的特点等。

为便于应急住宿管理、消防安全以及有利于应急设施的配置，应急住宿区按避难人数和住宿面积规模划分为组、组团、单元、区四级，可采用帐篷或简易安置房进行设计。例如，学校操场等面积较小的避难场所只设立一个住宿单元，大型城镇公园等面积较大的避难场所可以设置多个住宿区。

按短期避难，并采用我国民政部门的标准救灾帐篷（$36m^2$，4.8m×7.8m，见图 9-17）核算，给出最大避难规模的分级控制指标（见表 9-2）。各级住宿场地采用帐篷最紧密布置的设计方案如下。

表 9-2　避难场所住宿区分级控制指标

分级	住宿组	住宿组团	住宿单元	住宿区
避难人数（人）	≤1000	≤4000	≤16000	≤64000
住宿面积（m^2）	≤1080	≤4320	≤17280	≤69120
间距要求（m）	≥1.5	≥4.0	≥8.0	≥16.0
占地面积（m^2）	≤1500	≤6400	≤26000	≤120000

图 9-17　应急住宿常用的 36 m^2 救灾帐篷

1. 住宿组

帐篷组可以作为住宿和管理的最小单元，规模不宜过大，通常只设卫生间和垃圾点。组与组的间距按安全疏散通道考虑，两端有出口时的间距不小于 1.5m，仅一端有出口时的间距不小于 2.0m。可采用 15 个 36 m^2 帐篷一排，两排紧密排列为 1 个帐篷组（见图 9-18），配 10 个厕位和一个垃圾点，长度约 76m，使用面积约为 1080m^2，按短期避难计算每个帐篷组可容纳约 990 人，占地面积约 1350m^2，人均用地指标为 1.30~1.35 m^2。

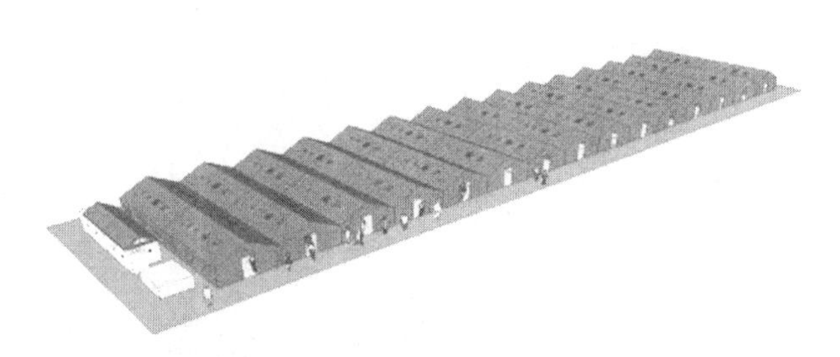

图 9-18　住宿区帐篷组布置示意图

2. 住宿组团

帐篷组团按最大 4 个帐篷组组合考虑，最大可设置 115 个 36 m^2住宿帐篷（见图 9-19），占地约 5600 m^2，其边长控制在 80m，最大 6400 m^2，人均指标为 1.45~1.50 m^2。考虑公共设施用地（配水点、公共活动室、医务室、值班室、物资储备），实际住宿面积约为 4140m^2，可容纳约 3800 人，最大 4000 人。帐篷组团间距考虑安全疏散宽度和防火间距要求，不小于 4m，同时考虑满足组团内避难人员聚集室外时所需的空间（空地面积按 0.25~0.3 m^2/人核算）。

图 9-19　住宿区帐篷组团布置示意图

3. 住宿单元

帐篷单元按最大 4 个帐篷组团组合考虑，最大可设置 452 个 36 m^2住宿帐篷（见图 9-20），考虑公共设施用地，实际住宿面积约 17000m^2，可容纳约 14900 人，占地面积约 23500m^2，宽度控制在 160m，最大不超过 25600m^2，人均指标为 1.55~1.75 m^2。为防止火灾蔓延，间距控制在 8~16m，同时应设消防车通道，并考虑室外消防设施设置。

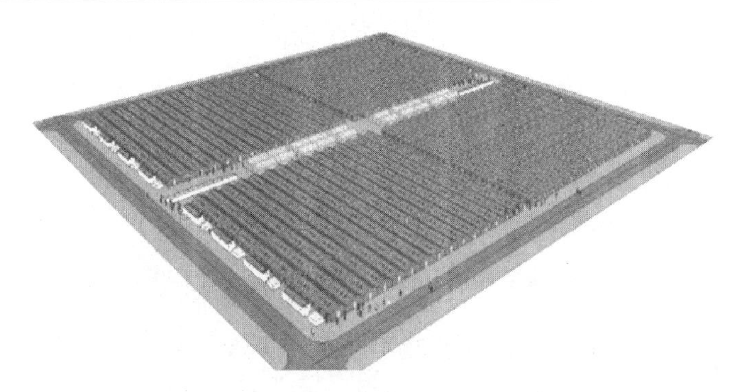

图 9-20　住宿区帐篷单元布置示意图

4. 住宿区

一个帐篷住宿区的避难人数不宜过多，考虑按 4 个帐篷单元组合，规定其上限为 64000 人，帐篷住宿区周边应考虑设置缓冲区，人均指标为 1.75~1.90 m^2。帐篷住宿区布置如图 9-21 所示。

图 9-21　住宿帐篷住宿区布置示意图

9.2.4　消防与疏散

由于避难条件的简易及各种基础设施的损坏，容易发生次生火灾。需要谨记 1923 年日本关东大地震后，数万人在避难场地被地震次生火灾烧死（见图 9-22）的惨痛教训。应急住宿区防火可按照人员聚集规模，参照有关规范中人员密集场所确定相关防火要求和消防措施。

图 9-22　日本关东地震次生火灾中遇难的灾民

1. 消防设计

以帐篷为例，帐篷组间距满足防火疏散宽度；帐篷组团满足防火分区要求，可防止火灾的蔓延；帐篷单元类似一个建筑，按照防火安全区的理念，满足防火安全间距；帐篷区类似居住小区，满足消防车通行要求，满足防止火灾蔓延的要求。

为保证避难场所一旦发生火灾等灾害时的安全性，应急住宿区通过应急休息区、避难休息广场等进行分隔。避难人数大于等于 3.5 万人的住宿区之间应设置宽度不小于 28m 的缓冲区。

当住宿区的避难人数大于等于 3.5 万人时，消防用水量应按照不少于 2 次火灾，每次灭火用水量不小于 10L/s，火灾持续时间不小于 1.0h 设计；其他情况应按照不少于 1 次火灾，每次灭火用水量不小于 10L/s，火灾持续时间不小于 1.0h 设计。每个住宿单元应配备消火栓、消防水泵等消防取水设施。

2. 防火疏散要求

（1）出入通道宽度。避难场地中的住宿单元是一相对独立的避难单元，当住宿单元内发生灾害时单元内避难人员需疏散到单元外，所以需对疏散通道的总宽度提出要求。

本书参考体育馆对疏散通道总宽度的要求。住宿单元供避难人员向单元外疏散的通道的总宽度，平坡地面不应小于每百人 0.32m，阶梯地面不应小于每百人 0.37m。

（2）安全疏散距离。防火安全疏散距离是防火分区内人员疏散到防火分区外的距离。考虑到避难场地的开敞性特点，参照停车场和敞开式外廊建筑来确定最大疏散距离。

当灾后有可靠的应急消防水源和消防设施时，安全疏散距离不应大于 50m，其他情况不应大于 40m。对于婴幼儿、高龄老人、行动困难的残疾人和伤病员等特定群体的专门避难区域，当灾后有可靠的应急消防水源和消防设施时不应大于 25m，其他情况不应大于 20m。

9.3　避难场所应急设施配置

9.3.1　应急设施的定义

应急设施是避难场所配置的，用于保障抢险救援和避难人员生活的工程设施，包括应急保障基础设施和应急辅助设施。

应急保障基础设施是灾害发生前，避难场所必须设置的，能保障应急救援和抢险避难的应急供电、供水、交通、通信等基础设施。

应急辅助设施为避难单元配置的，用于保障应急保障基础设施和避难单元运行的配套工程设施，满足避难人员基本生活需要的公共卫生间、盥洗室、医疗室、办公室、值班室、会议室、开水间等应急公共服务设施。

应急保障设备和物资用于保障应急保障基础设施和应急辅助设施运行及避难人员基本生活的相关设备和物资。

9.3.2 应急设施的分级和分类

《城镇防灾避难场所设计规范》（报批稿）中，按照服务范围的大小将应急设施划分为四个级别：服务于市（区）级应急功能或人员的；服务于责任区范围应急功能或人员的；仅服务于场所内部应急功能或人员的；仅服务于场所避难单元内部应急功能或人员的。这四种级别分别称为城市级（或市区级）、责任区级和场所级、避难单元级。

避难场所配置应急指挥、医疗和物资储备区时，其服务范围通常是城市级的。避难场所的物资储备、应急医疗卫生服务通常是责任区级的。其中，应急保障基础设施通常为城市级和责任区级，应急辅助设施通常为场所级和避难单元级。

（1）城市级。服务于整个城市（或区、县）范围，以及由多个避难场所共享的设施。避难场所配置应急指挥、医疗和物资储备区时，其服务范围通常是城市级的。

（2）责任区级。服务于责任区内进入和未进入避难场所的所有人员的设施。避难场所的物资储备、应急医疗卫生服务通常是责任区级的。

（3）场所级。服务于单个避难场所或场所内多个避难单元共享的设施。

（4）单元级。只服务于避难场所内单个避难单元的设施。公共卫生间、盥洗室、医疗室等应急辅助设施通常为场所级和避难单元级。

避难场所应急设施，可按表 9-3 分类。

表 9–3　应急保障基础设施、辅助设施以及保障设备和物资分类表

分类	应急保障基础设施		应急辅助设施	应急保障设备和物资
	城市级及责任区级	场所级	单元级	
应急交通	应急疏散通道、应急停机坪、应急停车场、应急车站和码头等	场所内应急交通通道和设施，场所出入口	出入口，配套交通道路，应急交通标志	应急交通指挥设备、标志牌等
应急供水	市政应急保障输配水管线，应急储水设施	场所应急水源，应急保障给水管线，配水点	净水、滤水设施，临时管线，饮水点	临时储水罐，净水、滤水设备或用品，临时管线，给水阀，供水车
应急供电	市政应急保障供电	场所级变电站，应急发电区，应急充电站	线路，照明装置，变电装置，应急充电点	移动式发电机组、紧急照明设备、充电设备等
应急医疗卫生	应急保障医院，应急医疗区，急救医院，重症治疗区	应急医疗所	医疗卫生室，医务点	抢救伤病员的医疗设备，医药卫生用品
应急消防	消防站，市政消防设施	消防水井，消防水池，消防水泵，消防管网	消防栓，应急消防水泵	应急消防泵、消防车、消防器材等
应急通信	应急指挥（通信监控）中心	应急广播室、通信室用房	应急广播设施	应急广播设备（广播线路和设备），应急指挥通信设备，应急通信车
应急通风	避难建筑、地下空间设施应急通风系统及相应设备、设施			
应急排污		污水管网	应急厕所，化粪池，污水管	应急污水吸运设备
应急垃圾		垃圾储运区固定垃圾站	垃圾收集点	应急垃圾储运设施、车辆

续表

分类	应急保障基础设施		应急辅助设施	应急保障设备和物资
	城市级及责任区级	场所级	单元级	
应急物资	区域物资储备库	场所级物资储备库	物资分发点	食品、药品等
公共服务设施		场所级公共服务设施	配套公共服务设施	相关设施设备

9.3.3 应急设施的配置

1. 国内外相关标准对应急设施的配置要求

《地震应急避难场所 场址及配套设施》（GB 21734—2008）规定：Ⅲ类地震应急避难场所应设置救灾帐篷（简易活动房屋）、医疗救护和卫生防疫设施、应急供水设施、应急供电设施、应急排污设施、应急厕所、应急垃圾储运设施、应急通道、应急标志等；Ⅱ类地震应急避难场所应增设应急消防设施、应急物资储备设施、应急指挥管理设施等；Ⅰ类地震应急避难场所应增设应急停车场、应急停机坪、应急洗浴设施、应急通风设施、应急功能介绍设施等。

《城市抗震防灾规划标准》（GB 50413—2007）规定：紧急避震疏散场所可提供临时用水、照明设施以及临时厕所；固定避震疏散场所通常设置避震疏散人员的栖身场所、生活必需品与药品储备库、消防设施、应急通信设施与广播设施、临时发电与照明设备、医疗设施。

《镇规划标准》（GB 50188—2007）规定：主要疏散场地应具备临时供电、供水并符合卫生要求。

中国台湾省相关标准规定：紧急避难场所需要配置消防供水；临时避难场所及临时收容场所配置临时水电、卫生及盥洗设施、消防用水、广播设备、临时发电设备、接受灾区外救援信息、夜间照明等设施；中长期收容场所配置临时水电、卫生及盥洗设施、广播设备、临时发电设备、接受灾区外救援资讯、安置组合屋或货柜屋、基础维生系统等设施。

日本防灾公园规划相关标准要求：固定（含中心）防灾公园配置供水设施、情报设施、应急广播设施、应急通信设施、避难标示设施、应急照明设施、应急电源设施和储备仓库。

美国相关标准规定：避难所配置应急供电、应急照明、食物和水、应急厕所、应急消防、急救包、收音机、应急通信等设施。

这些标准对应急设施配置的要求，详见表 9-4。

表 9-4　国内外避难场所对应急设施的配置对比表

<table>
<tr><th>名称</th><th>类型</th><th>应急设施</th></tr>
<tr><td rowspan="3">城市抗震防灾规划标准</td><td>中心避震疏散场所</td><td rowspan="2">住宿、生活必需品与药品储备库、消防、应急通信与广播、临时发电与照明、医疗</td></tr>
<tr><td>固定避震疏散场所</td></tr>
<tr><td>紧急避震疏散场所</td><td>临时供水、照明、临时厕所</td></tr>
<tr><td rowspan="3">地震应急避难场所场址及配套设施</td><td>Ⅰ类地震应急避难场所</td><td>在Ⅱ类基础上增加应急停车场、应急停机坪、应急洗浴、应急通风、应急功能介绍</td></tr>
<tr><td>Ⅱ类地震应急避难场所</td><td>在Ⅲ类基础上增加应急消防、应急物资储备、应急指挥管理</td></tr>
<tr><td>Ⅲ类地震应急避难场所</td><td>住宿、医疗救护和卫生防疫、应急供水、应急供电、应急排污、应急厕所、应急垃圾储运、应急通道、应急标志</td></tr>
<tr><td>镇规划标准</td><td>避震疏散场地</td><td>临时供电、供水</td></tr>
</table>

续表

名称	类型	应急设施
我国台湾省避难场所	中长期收容场所	临时水电、卫生及盥洗设施、消防用水、广播设备、临时发电设备
	临时避难场所及临时收容所	临时水电、卫生及盥洗设施、消防用水、广播设备、临时发电设备、夜间照明
	紧急避难场所	消防用水
日本防灾公园	中心防灾公园	应急储水槽、应急水井、公园水景设施、散水设施、情报设施、应急广播、应急通信、避难标识、应急照明、应急电源、储备仓库、管理机构
	固定防灾公园	
	紧急防灾公园	
美国 FEMA361 ARC4496		应急供电、应急照明、食物和水、应急厕所、应急消防、急救包、收音机、应急通信

2. 避难场所应急设施配置要求

依据《城镇防灾避难场所设计规范》（报批稿）对避难场所的分类和定义，紧急避难场所用于避难人员就近紧急或临时避难的场所，也是避难人员集合并转移到固定避难场所的过渡性场所。需要配置应急休息区、应急通道、应急标识等基本应急设施。

固定避难场所具备避难住宿功能，用于避难人员固定避难和进行集中性救援的避难场所。可划分为短期固定避难场所（避难时间一般不超过 15 天）、中期固定避难场所（避难时间一般不超过 30 天）、长期固定避难场所（避难时间一般不超过 100 天）。在紧急避难场所配套设施的基础上，增加场所管理办公室、避难住宿区、医疗卫生室、医疗卫生用品、应急供水、应急供电、应急洗浴、应急排污、垃圾收集、物资储备库和应急广播等综合设施。

中心避难场所是具备救灾指挥、应急物资储备、综合应急医疗救援等功能的长期固定避难场所。因此，在满足长期固定避难场所应急设施的基础上，增加应急指挥区、应急停机坪、应急停车场、应急保障医院和应急通信等救援设施。

各类避难场所主要应急设施配置，见表 9–5。

表 9–5　避难场所主要应急设施配置表

应急功能	应急设施	避难场所类型				
		紧急避难场所	短期固定避难场所	中期固定避难场所	长期固定避难场所	中心避难场所
应急管理	应急指挥区	不设	不设	不设	可设	应设
	场所管理办公室	不设	应设	应设	应设	应设
	应急标识	可设	应设	应设	应设	应设
应急住宿	应急休息区	应设	可设	应设	应设	应设
	避难住宿区	不设	应设	应设	应设	应设
应急交通	应急通道	应设	应设	应设	应设	应设
	应急停机坪	不设	不设	不设	可设	应设
	应急停车场	不设	可设	可设	应设	应设
应急供水	应急水源	不设	可设	可设	应设	应设
	应急储水设施	可设	应设	应设	应设	应设
	净水、滤水设施	可设	应设	应设	应设	应设
	配水点	可设	可设	可设	可设	可设
	饮水处	可设	应设	应设	应设	应设

续表

应急功能	应急设施	避难场所类型				
		紧急避难场所	短期固定避难场所	中期固定避难场所	长期固定避难场所	中心避难场所
应急医疗卫生	应急保障医院	不设	不设	可设	可设	应设
	急救医院	不设	不设	可设	可设	不设
	应急医疗所	不设	应设	应设	应设	应设
	医疗卫生室	可设	应设	应设	应设	应设
	医药卫生用品	可设	应设	应设	应设	应设
应急消防	消防水井、水池	不设	可设	可设	应设	应设
	消防器材	应设	应设	应设	应设	应设
应急物资	物资储备库	不设	可设	应设	应设	应设
	物资分发点	可设	应设	应设	应设	应设
	食品、药品	可设	可设	应设	应设	应设
应急供电	应急发电机组	不设	可设	应设	应设	应设
	紧急照明设备	可设	应设	应设	应设	应设
应急通信	应急通信设备	不设	不设	可设	可设	应设
	应急广播设备	可设	可设	可设	应设	应设
	应急电话	不设	可设	可设	应设	应设
应急排污	应急厕所	不设	可设	应设	应设	应设
	应急排污设施	不设	可设	可设	应设	应设
应急垃圾储运	垃圾储运设施	不设	不设	可设	应设	应设
	垃圾收集点	可设	应设	应设	应设	应设
公共服务	洗衣房	不设	不设	可设	可设	可设
	开水间、盥洗室	不设	不设	可设	可设	可设
	应急洗浴	不设	可设	应设	应设	应设
	售货站	不设	可设	可设	可设	可设
	公用电话	可设	应设	应设	应设	应设

9.4　本章小结

本章探讨了避难场所与学校操场、公园广场与绿地，树木与防火树林带，水景设施与应急用水设施，广播设施、通信设施、发电设施和照明设施，仓库与救灾物资储备库，入口形态与外围形态，厕所以及管理机构等八个方面的平灾整合设计思想与方法。

从避难容量、住宿场地、消防和疏散等方面，提出避难场所应急住宿区的设计要求。其中，避难容量采用避难场所应急宿住区的有效避难面积和人均有效避难面积的指标计算；应急住宿区按避难人数和住宿规模划分为组、组团、单元、区四级，以避难帐篷最密集布置计算并给出了分级控制指标。

提出紧急避难场所需要配置应急休息区、应急通道、应急标识等基本应急设施；固定避难场所在紧急避难场所配套设施的基础上，增加场所管理办公室、避难住宿区、医疗卫生室、医疗卫生用品、应急供水、应急供电、应急洗浴、应急排污、垃圾收集、物资储备库和应急广播等综合设施；中心避难场所在满足长期固定避难场所应急设施的基础上，增加应急指挥区、应急停机坪、应急停车场、应急保障医院和应急通信等救援设施。

第十章　避难场所的管理要求

在我国灾害避难实践中，因避难场所缺乏管理，造成避难人员伤亡和避难生活困难的事例很多。例如，1976年唐山地震，北京数百万人离开住宅避难，仅中山公园、天坛公园和陶然亭公园就涌入17.4万人，严重干扰了当时首都功能的正常运转；2008年汶川地震发生后，大批受灾群众自发涌入绵阳市区寻求避难，造成临时启用的避难空间人员拥挤（见图10-1），饮水及厕所等必要的设施严重不足。

图10-1　汶川地震后绵阳市九洲体育馆外等待安置的避难人员

虽然我国许多城镇已经公布建成了避难场所，但这些避难场所的平时管理、维护状况，以及灾时启用和关闭等方面均存在不小的问题，对居民的避难行动和灾后的避难生活造成了隐忧。本章通过分析避难行动与避难生活对管理保障措施的需求，提出避难场所组织管理、平时管理和灾时管理的基本要求。

10.1　避难疏散的组织需求

避难从时间和功能上，可以划分为避难行动和避难生活两个主要阶段。避难行动是避难路途上的避难行为，避难生活是灾民在避难场所内进行的各种避难活动，是避难行动的延续和归宿。无论是避难行动还是避难生活都需要保障避难安全的组织管理措施。

10.1.1　避难行动的安全需求

避难行动是从避难起点到达避难场所的过程。就近避难的灾民，避难行动所需时间比较短，路途也不长。远程避难疏散，路途远近、耗费时间的长短随灾害的种类、灾情严重程度等有关。

日本关东大地震次生火灾夺去大约7万避难者的生命。日本阪神大地震时，死亡的6000多人中约1.5%死于道路上。严重灾害发生后，参与避难行动的灾民人数多，分布地域广，避难行动时间短。避难行动发生在抗灾救灾指挥机构尚未恢复或尚未完全恢复，灾后社会秩序混乱之时，而且和紧急抢险救灾同时进行。这些特点决定了组织管理避难行动的必要性和重要性（见图9-2）。

图10-2　美国“卡特里娜”飓风登陆前等待疏散的避难人员

10.1.2 避难生活的安全需求

严重灾害发生后，避难人员通过避难道路陆续到达避难场所，开始避难生活。避难生活包括避难者在避难空间设施内的衣、食、住、行、医等生活状况。近年来对重大灾害的研究表明，灾后居民在用餐、洗浴、便溺、住宿、灾情信息、卫生状况、个人隐私、医疗、垃圾处理、乳幼儿育儿、室内换气、照明、噪声、生活用品和老年人监护等诸多方面存在各种各样的问题（见图 10-3）。

图 10-3　汶川地震后救灾部队为避难人员提供食物

避难生活初期，衣、食、住对每个避难者都极为重要，医疗对于伤病员特别是重伤员显得格外重要。制定避难场所的管理要求，可以有效地缩短避难生活时间，改善避难生活质量。

10.2 避难场所的管理措施

10.2.1 组织管理

在抗灾救灾指挥机构中，应当设立避难行动和避难生活的分支机构，负责居民避难事宜。该机构应分级设置，形成城市、区（县）、街道（乡镇）和社区分级指挥管理的防灾避难组织系统。

避难场所应成立管理委员会，由政府主管人员、志愿者和居民自救组织代表等组成。中心避难场所和长期固定避难场所宜由城市或区（县）级政府组织成立管理委员会管理，设置避难疏散引导、应急物资管理、应急卫生防疫、治安管理、应急交通管理、信息情报管理和应急设施维护等职能机构；中、短期固定避难场所宜由街道（乡镇）政府组织成立管理委员会管理，设置避难疏散引导、应急卫生防疫和治安管理等组织机构（见图10-4）。

图 10-4　在地震中组织引导学生避难疏散

管理委员会的主要职责包括：灾前，负责编制场所管理指南，按照指南实施培训，招募志愿者，编制避难者名录，制定避难场所的规章制度，开展防灾宣传、教育和演习活动等；灾后，处理防灾避难的相关事务。

10.2.2 平时管理

1. 建立避难场所数据库

避难场所数据库内容包括：

（1）各避难场所具体位置、收容人数与避难人员密度、避难疏散路线和服务范围；

（2）避难场所间的交通联系；

（3）抗灾救灾指挥部、医疗抢救中心、抢险救灾物资库之间及它们与火车站、河海码头、汽车站的应急道路；

（4）各个避难场所标识牌的具体位置；

（5）各种应急设施以及各种道路的具体位置等。

2. 设置避难标识

避难场所内应设置引导性的标识牌，绘制分布示意图、内部区划图、安全撤退路线图和远程避难路线图。在各避难场所附近道路醒目处，设置避难场所标识牌，标明避难场所的名称、具体位置和前往的方向（见图10-5）。

图 10-5 佛山市富寿公园避难场所标识

避难场所分布示意图和内部区划图内容包括：避难人员住宿区布局，防火隔离带与防火安全带、各级通道的宽度与分布等。

安全撤退路线和远程避难路线是指避难场所受到严重次生灾害威胁时的撤退路线（见图 10-6）。

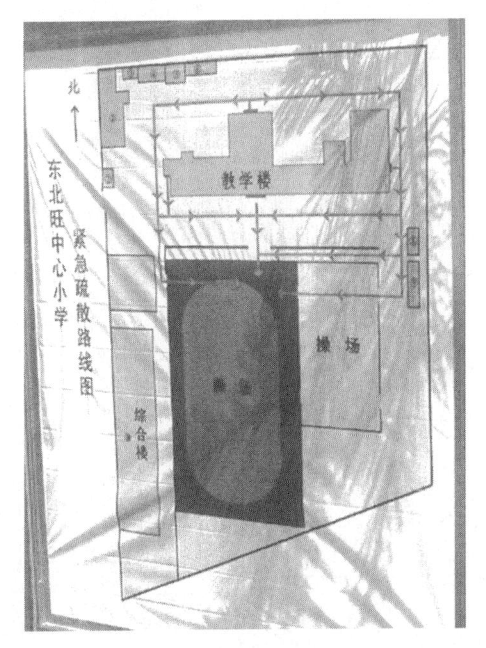

图 10-6 北京东北旺中心小学避难场所疏散路线图

3. 维护管理

产权单位不得私自在避难场所开敞空间内加建其它建（构）筑物，对于有必要建设的设施必须通过政府管理部门同意。对避难场所周边建设情况应密切关注，对威胁到避难场所安全的建设应立即向政府管理部门汇报。

产权单位负责维持避难场所功能完好。每年应对避难场所设置的应急设施进行一次安全检查，对于因老化而无法继续使用的设施应及时更换。

10.2.3 灾时管理

1. 启用和关闭

避难场所的启用和关闭是涉及全局的至关重要的决策，应有组织地统一行动。启用和关闭的命令由区（县）级以上政府发布，其他单位不得擅自行动。

每个避难场所应制订启用方案，灾害发生时，按照启用方案安全有序地开放避难场所。避难场所根据灾害的种类和规模启用，局部灾害事故发生时，为保证城镇其他功能的正常运营，应首先启用绿地型避难场所，在绿地型避难场所无法满足避难需求的情况下开启其他类型避难场所。在灾后紧急避难期，应急供水、应急供电和医疗急救设施等保证避难人员基本生活和应急救护的必备设施应被首先开启（见图 10-7）。

图 10-7　汶川地震后都江堰临时启用的厂房避难场所

避难场所的关闭应根据灾害缓解的情况逐步进行。随着震情的缓和，居住在避难场所的人员会越来越少，应适时关闭部分避难场所，最终完全停止所有场所的避难功能（见图 10-8）。

图 10-8　绵阳市九洲体育馆避难场所关闭前撤离避难人员

2. 交通管制

交通管制是对交通的强制性管理。避难行动开始后，避难道路上的人流、车流明显增加，极易出现交通堵塞、拥挤与混乱，发生交通事故、踩踏事故或次生灾害。唐山、汶川和芦山等严重地震灾害后，对公路交通系统普遍实行道路管制，对避难行动安全，减少交通事故，提高震后救援效率等都有重要意义（见图 10-9）。

图 10-9　芦山地震后部分道路实施交通管制

交通管制的主要任务是合理分配车流、人流及其流动方向，确定车辆迂回线路，疏散拥堵线路，确保灾民安全避难疏散和紧急车辆通行，把灾后的交通混乱降低到最小程度，为避难行动和抢险救灾创造良好的交通环境。

3. 避难引导

1923 年日本关东大地震后，没有避难引导和避难方向的选择不合理，是造成数万人被大火烧死的重要原因。2005 年美国“卡特里娜”飓风来袭前，有 100 多万人乘车“大逃亡”，但避难区域、顺序安排不当，造成交通堵塞，避难的高速公路上排起 100 多 km 的汽车长龙（见图 10-10）。

图 10-10　美国“卡特里娜”飓风来袭前避难车辆堵塞高速公路

引导是安全避难的重要措施，可以有序地把避难人员引导到各个指定避难场所避难，防止盲目避难或因避难道路拥堵造成人员伤亡，还有助于避开可能发生的次生灾害。

引导避难时，避开危险的道路、桥梁、堤坝及其他危险场所，选择比较安全的道路。在有可能发生危险的地点或路段设置标识牌或现场配备引导人员进行安全引导。避难弱者（包括老、弱、病、残、孕等）在避难行动中存在各种各样的困难，可以组织避难弱者在规定的场所集合，用车辆运送到指定避难场所。

参考文献

[1] Adenso-Diaz B, Rodriguez F. A simple search heuristic for the MCLP: Application to the location of ambulance bases in a rural region. Omega, 1997, 25(2): 181-187.

[2] American Red Cross. Standards for hurricane evacuation shelter selection, ARC 4496, 2002.

[3] Anna C Y Li, Linda Nozick, Ningxiong Xu, et al. Shelter Location and Transportation Planning under Hurricane Conditions. Transportation Research Part E, 2012, 48: 715-729.

[4] Baker Earl, Deyle Robert, Chapin Timothy, et al. Are we any safer? Comprehensive plan impacts on hurricane evacuation and shelter demand in Florida. Coastal Management, 2008, 36(3): 294-317.

[5] Bracken J, McGill J. Mathematical programs with optimization problems in the constraints. Operations Research, 1973, 21: 37-44.

[6] Charles ReVelle, Swain Ralph W. Central facilities location. Geographical Analysis, 1970, 2(1): 30-42.

[7] Drezner Z. Facility location: A survey of applications and methods. New York: Springer Verlag, 1995.

[8] Espejo L G A, Galvao R D, Boffey B. Dual-based heuristics for a hierarchical covering location problem. Computers & Operations Research, 2003, 30(2): 165-180.

[9] FEMA. Design and construction guidance for community safe rooms. FEMA 361 (Second Edition), 2008.

[10] FEMA. Taking shelter from the storm: Building a safe room for your home or small business. FEMA 320 (Third Edition), 2008.

[11] Hogan K, ReVelle C. Concept and applications of backup coverage. Management Science, 1986, 32(11): 1434–1444.

[12] Hwang Ching-lai, Yoon Kwang-sun. Multiple attribute decision making. Berlin: Springer-Verlag, 1981.

[13] Current J, Daskin M, Schilling D. Discrete network location models//Drezner Z, Hamacher H W. Facility location: Applications and theory. Berlin: Springer-Verlag, 2002: 81–118.

[14] James Kennedy, Russell Eberhart. Particle swarm optimization//Proc. IEEE International conference on neural networks. IEEE Service Center, Piscataway, 1995: 1942–1948.

[15] Joao Coutinho–Rodrigues, Lino Tralhao, Luis Alcada-Almeida. Solving a location-routing problem with a multi-objective approach: The design of urban evacuation plans. Journal of Transport Geography, 2012, 22: 206–218.

[16] White John A, Case Kenneth E. On covering problems and the central facilities location problem. Geographical Analysis, 1974, 6(3): 281–294.

[17] Joseph Stephen Mayunga. Assessment of public shelter users' satisfaction: Lessons learned from South-Central Texas flood. Natural Hazards Review, 2012, 13(1): 82–87.

[18] Kyung Sam Park, Kyung Sang Lee, Yun Seong Eum, et al. Extended methods for identifying dominance and potential optimality in multi-criteria analysis with imprecise information. European Journal of Operational Research, 2001, 134(3): 557–563.

[19] Lambert M Surhone, Mariam T Tennoe. Arccatalog. London: Betascript Publishing, 2011.

[20] Lin Peng, Lo Siu Ming, Ng Wing Chi. A GIS-queue model and its application to regional evacuation. Journal of Basic Science and Engineering, 2004, supplement: 161–166.

[21] Luis Alcada-Almeida, Lino Tralhao, Luis Santos, et al. A multi-objective approach to locate emergency shelters and identify evacuation routes in urban areas. Geographical Analysis, 2009, 41: 9–29.

[22] Daskin Mark S. Network and discrete location: Models, algorithms, and applications. New York: John Wiley&Sons, 1995.

[23] Pang Bo, Chu Jianyu. The locating suitability analysis of urban fixed shelters based on

OWA method. 2011 International Conference on Multimedia Technology, 2011: 3739-3742.

[24] RibeiroA, Antunes A. A GIS-based decision-support tool for public facility planning. Environment & Planning B,2002,29(4):553-569.

[25] Richard Church, Velle Charles R. The maximal covering location problem. Papers in Regional Science,1974,32(1):101-118.

[26] Hakimi S L. Optimum distribution of switching centers in a communication network and some related graph theoretic problems. Operations Research,1965,13(3):462-475.

[27] Hakimi S L. Optimum locations of switching centers and the absolute centers and medians of a graph. Operations Research,1964,12(3):450-459.

[28] Saadatseresht M, Mansourian A, Taleai M. Evacuation planning using multi-objective evolutionary optimization approach. European Journal of Operational Research, 2009, 198: 305-314.

[29] Sirisak Kongsomsaksakul, Anthony Chen, Chao Yang. Shelter location-allocation model for flood evacuation planning. Journal of the Eastern Asia Society for Transportation Studies, 2005,6:4237-4252.

[30] Soung Hie Kim, Chang Hee Han. An interactive procedure for multi-attribute group decision making with incomplete information. Computers & Operations Research, 1999, 26 (8):755-772.

[31] Tai C A, Lee Y L, Lin C Y. Earthquake disaster prevention area planning considering residents' demand. Advanced Computer Control,2010(1):381-385.

[32] Toregas C, ReVelle C. Optimal location under time or distance constrains. Papers of the Regional Science Association,1972,28:133-143.

[33] Toregas C, Swain R, ReVelle C, et al. The location of emergency service facilities. Operations Research,1971,19:1363-1373.

[34] Marianov V, Serra D. Location problems in the public sector//Drezner Z, Hamacher H W. Facility location: Applications and theory. Berlin: Springer-Verlag,2002:119-150.

[35] Xu W. Development of a methodology for participatory evacuation planning and manage-

ment:Case study of Nagata:[Dissertation]. Kyoto:Kyoto University,2007.

[36] Zheng Wang,Xiaohong Wang,Yajing Liu,et al. Study on methods of urgent refuge planning based on GIS. The 3rd International Conference on Civil Engineering, 2013: 353-354.

[37] 初建宇,刘嘉娜,王丽芸,等. 图说村镇灾害与防灾避难. 北京:知识产权出版社,2014.

[38] Chu Jianyu,Lu Lu,Su Youpo. Technical indexes for planning of disaster-mitigation emergency congregate shelter in villages and small towns. Applied Mechanics and Materials, 2013:2735-2738.

[39] Chu Jianyu,Su Youpo,Yang Fangjuan. The study on classification of emergency shelter and allocation of disaster prevention facilities. International Symposium on Emergency Management,2009:514-517.

[40] Chu Jianyu, Su Youpo. Comprehensive Evaluation Index System in the Application for Earthquake Emergency Shelter Site. Advanced Materials Research,2011,Part1:79-83.

[41] 初建宇,苏幼坡,刘瑞兴. 城市防灾公园“平灾结合”的规划设计理念. 世界地震工程,2008,24(1):99-102.

[42] 初建宇,马丹祥,苏幼坡. 基于理想点的已知部分属性权重信息中心避难场所选址方法研究. 自然灾害学报,2012,21(4):28-32.

[43] 初建宇,马丹祥,苏幼坡. 基于组合赋权 TOPSIS 模型的城镇固定避难场所选址方法研究. 土木工程学报,2013,46(S2):307-312.

[44] 初建宇,陈灵利. 防灾避难场所选址规划研究综述. 世界地震工程,2014,30(1):139-144.

[45] 初建宇,苏幼坡,马东辉. 防灾避难场所应急宿住区设计. 世界地震工程,2014,30(2):80-85.

[46] 初建宇,梁建文,苏幼坡,等. 防灾避难场所布局优化与责任区划分方法. 世界地震工程,2015,31(1):89-96.

[47] 初建宇,马丹祥,王政,等. 基于多目标规划的防灾避难场所选址模型研究. 自然灾害学报,2015,24(2):1-7.

[48] 包升平．都市防灾避难据点适宜性评估之研究——以嘉义市为例．台南:国立成功大学,2005.

[49] 北京工业大学抗震减灾研究所,河北省地震工程研究中心．城市抗震防灾规划标准(修订报批稿),2012.

[50] 卜月华．图论及其应用．南京:东南大学出版社,2002.

[51] 曹明,初建宇,刘喜暖．基于 GIS 的城市应急避难疏散空间分布．河北联合大学学报(自然科学版),2012,34(2):84-88.

[52] 陈鸿．城市消防站空间布局优化研究:以安徽省六安市为例．上海:同济大学,2007.

[53] 陈可嘉,刘思峰．不确定型决策准则的使用误区．江南大学学报(自然科学版),2002,1(4):354-364.

[54] 陈志芬,李强,陈晋．城市应急避难场所层次布局研究(Ⅱ)——三级层次选址模型．自然灾害学报,2010,19(5):13-19.

[55] 陈志芬,李强,陈晋．城市应急避难场所选址规划模型与应用．北京:气象出版社,2011.

[56] 陈志宗,尤建新．城市防灾减灾设施的层级选址问题建模．自然灾害学报,2005,14(2):131-135.

[57] 陈志宗,尤建新．重大突发事件应急救援设施选址的多目标决策模型．管理科学,2006,19(4):10-14.

[58] 城市緑化技術開発機構．防災公園計画・設計ガィドラィン．東京:大藏省印刷局,1999.

[59] 戴晴．基于 GIS 的应急避难场所适宜性评价——以深圳市地震应急避难场所为例．北京:中国地质大学,2010.

[60] 丁雪枫,尤建新,王洪丰,等．突发事件应急设施选址问题的模型及优化算法．同济大学学报(自然科学版),2012,40(9):1428-1433.

[61] 东京都防灾议会．东京都地区防灾规划(2003 年修订)．袁一凡译．北京:地震出版社,2004.

[62] 都市绿化技術開発機構,公園緑地防災技術共同研究会．防災公園技術ハンドブ

ック. 東京:株式会社ェポ,2000.

[63] 高杰. 给水工程综合防灾规划空间决策支持系统研究. 青岛:中国海洋大学,2008.

[64] 公安部上海消防研究所. GB 50140—2005　建筑灭火器配置设计规范. 北京:中国建筑工业出版社,2005.

[65] 公安部天津消防研究所. GB 50016—2006　建筑设计防火规范. 北京:中国建筑工业出版社,2006.

[66] 辜智慧,徐伟,袁艺,等. 农村灾害避难场所布局规划评价研究——以四川省小鱼洞镇为例. 灾害学,2011,26(3):115-119.

[67] 辜智彦. 都市防灾避难据点适宜性评估之研究——以嘉义县民雄乡为例. 台中:逢甲大学,2007.

[68] 郭增建,秦保燕. 灾害物理学简论. 灾害学,1987(2):25-33.

[69] 郭郑州,陈军红. SQL Server 2008 完全学习手册. 北京:清华大学出版社,2011.

[70] 韩庆兰,杨涛. AHP 算法和三角模糊数在虚拟企业的盟员选择中的应用. 运筹与管理,2003,12(1):17-21.

[71] 河北省城乡规划设计研究院. 迁安市城市总体规划(2008—2020),2008.

[72] 河北省地震工程研究中心,北京工业大学抗震减灾研究所. 防灾避难场所设计规范(报批稿),2012.

[73] 河北省地震工程研究中心,迁安市园林绿化管理局. 迁安市城市绿地系统防灾避难规划(2009—2020),2009.

[74] 贺小容,秦江涛. 多层级应急系统选址模型. 工业工程,2010,13(2):94-97.

[75] 胡锦涛. 在全国抗震救灾总结表彰大会上的讲话. http://news.xinhuanet.com/newscenter/2008-10/08/content_10166536.htm,2008-10-8.

[76] 黄典剑,吴宗之,蔡嗣经,等. 城市应急避难所的应急适应能力——基于层次分析法的评价方法. 自然灾害学报,2006,15(1):52-58.

[77] 黄静,叶明武,王军,等. 基于 GIS 的社区居民避震疏散区划方法及应用研究. 地理科学,2011,31(2):205-210.

[78] 回良玉. 在全国抗震救灾总结表彰大会上的讲话. http://xz.people.com.cn/GB/139207/12495556.html,2010-8-20.

[79] 蒋蓉,邱建,陈俞臻．城乡统筹背景下的县域应急避难场所体系构建——以成都市大邑县为例．规划师,2011,27(10):61-65.

[80] 雷德明,严新平．多目标智能优化算法及其应用．北京:科学出版社,2009.

[81] 李栋学．基于多目标优化的城市应急设施选址研究．天津:南开大学,2010.

[82] 李刚,马东辉,苏经宇,等．城市地震应急避难场所规划方法研究．北京工业大学学报,2006,32(10):901-906.

[83] 李刚,马东辉,苏经宇,等．基于加权Voronoi图的城市地震应急避难场所责任区的划分．建筑科学,2006,22(3):55-59.

[84] 李刚．城市抗震防灾规划GIS辅助分析与管理相关技术．北京:北京工业大学,2006.

[85] 李久刚,唐新明,刘正军,等．基于行程距离最优及容量受限的避难所分配算法研究．测绘学报,2011,40(4):489-494.

[86] 李立国．我国应对重大自然灾害取得显著进步．http://www.gov.cn/jrzg/2013-05/16/content_2403798.htm.

[87] 李天祺,赵振东．能源供应系统地震灾害链研究．自然灾害学报,2006(5):148-153.

[88] 李炜民,李延明,谢军飞,等．城市公共绿地应急避险功能中的人口服务辐射能力的研究．防灾减灾工程学报,2007,27(2):223-229.

[89] 李艳杰．应急服务设施选址问题研究．鞍山:辽宁科技大学,2008.

[90] 李志强,杨国宾,李晓丽．我国地震应急避难场所的现状与思考．中国应急救援,2013(4):36-42.

[91] 廖悲雨．应急设施布局的决策支持系统及其应用．上海:华东师范大学,2008.

[92] 刘海燕,武志东．基于GIS的城市防灾公园规划研究——以西安市为例．规划师,2006,(10):55-58.

[93] 刘茂．事故风险分析理论与方法．北京:北京大学出版社,2011.

[94] 刘强,阮雪景,付碧宏．特大地震灾害应急避难场所选址原则与模型研究．中国海洋大学学报,2010,40(8):129-135.

[95] 刘少丽,陆玉麒,顾小平,等．城市应急避难场所空间布局合理性研究．城市发展

研究,2012,19(3):113-117.

[96] 刘少丽．城市应急避难场所区位选择与空间布局——以南京市为例．南京:南京师范大学,2012.

[97] 刘树林,邱菀华．多属性决策基础理论研究．系统工程理论与实践,1998,18(1):38-43.

[98] 卢全中,彭建兵．地质灾害风险评估研究综述．灾害学,2003(4):59-63.

[99] 马东辉,郭小东,王志涛．城市抗震防灾规划标准实施指南．北京:中国建筑工业出版社,2008.

[100] 迁安市公安消防大队,北京中元工程设计顾问公司．迁安市城市消防规划(2007—2020),2007.

[101] 钱刚,徐泽水．三种基于理想点的不确定多属性决策最优化模型．系统工程与电子技术,2003,25(5):517-519.

[102] 施小斌．城市防灾空间效能分析及优化选址研究．西安:西安建筑科技大学,2006.

[103] 石渡荣一．防灾公园之规划与设计．造园季刊,2000(34):57-62.

[104] 石勇,许世远,石纯,等．自然灾害脆弱性研究进展．自然灾害学报,2011(2):131-137.

[105] 史培军．灾害研究的理论与实践．南京大学学报(自然科学版),1991,(自然灾害研究专辑):37-42.

[106] 宋晓勇．汶川地震灾区安置点的防灾研究．消防科学与技术,2010,29(12):1057-1064.

[107] 苏春生,苏幼坡,初建宇,等．城市园林的抗震减灾功能．世界地震工程,2005,21(1):37-41.

[108] 苏幼坡,王兴国．城镇防灾避难场所规划设计．北京:中国建筑工业出版社,2012.

[109] 苏幼坡．城市灾害避难与避难疏散场所．北京:中国科学技术出版社,2006.

[110] 谭跃进,陈英武,易进先．系统工程原理．长沙:国防科技大学出版社,1999.

[111] 汪建,赵来军,王珂,等．地震应急避难场所建设的需求与人因分析．工业工程,2013,16(1):9-13.

[112] 汪应洛．系统工程．北京:机械工业出版社,2001.

[113] 王国华,梁樑．决策理论与方法(第2版)．合肥:中国科学技术大学出版社,2014.

[114] 王素珍,卢燕．基于GIS的城市供水管网抗震能力评价系统研究．中国给水排水,2007,23(17):91-94.

[115] 王翔．区域灾害链风险评估研究．大连:大连理工大学,2011.

[116] 卫民堂,王宏毅,梁磊．决策理论与技术．西安:西安交通大学出版社,2000.

[117] 魏强,涂子学,周静生,等．基于候选点集算法的应急设施网络布局优化．中国安全科学学报,2012,22(9):172-176.

[118] 吴健宏,翁文国．应急避难场所的选址决策支持系统．清华大学学报(自然科学版),2011,51(5):632-636.

[119] 吴静,郝刚,姬惠．浅谈日本应急避难场所在破坏性地震下的作用．太原大学学报,2011,12(2):131-134.

[120] 吴启涛．城市抗震防灾规划空间决策支持系统研究．青岛:中国海洋大学,2010.

[121] 吴宗之,黄典剑,蔡嗣经,等．基于模糊集值理论的城市应急避难所应急适应能力评价方法研究．安全与环境学报,2005,5(6):100-103.

[122] 肖俊华,侯云先．综合模糊TOPSIS决策的应急物资储备库多级覆盖选址模型．工业工程,2013,16(1):91-98.

[123] 新华网．绵阳九洲体育馆将举行纪念抗震救灾一周年活动．http://news.xinhuanet.com/sports/2009-05/07/content_11331719.htm.

[124] 徐波,关贤军,尤建新,等．城市防灾避难空间优化模型．土木工程学报,2008,41(1):93-98.

[125] 徐伟,胡馥妤,明晓东,等．自然灾害避难所区位布局研究进展．灾害学,2013,28(4):143-151.

[126] 徐志胜,冯凯,徐亮,等．基于GIS的城市公共安全应急决策支持系统的研究．安全与环境学报,2004,4(6):82-85.

[127] 杨文斌,韩世文,张敬军,等．地震应急避难场所的规划建设与城市防灾．自然灾害学报,2004,13(1):126-131.

[128] 姚清林．关于优选城市地震避难场地的某些问题．地震研究,1997,20(2):

244-248.

[129] 叶明武．基于 3S 的城市绿地公园防震避难适宜性．自然灾害学报,2010,19(5):156-163.

[130] 尹之潜．地震灾害损失预测研究．地震工程与工程振动,1991(4):87-96.

[131] 余世舟,张令心,等．地震灾害链概率分析及断链减灾方法．土木工程学报,2010(S1):479-483.

[132] 虞晓芬,傅玳．多指标综合评价方法综述．统计与决策,2004,179(11):119-121.

[133] 袁新生,邵大宏,郁时炼．LINGO 和 Excel 在数学建模中的应用．北京:科学出版社,2007.

[134] 岳超源．决策理论与方法．北京:科学出版社,2003.

[135] 岳建平．大坝安全监测专家系统研究．测绘通报,2000(6):7-9.

[136] 张卫星,周洪建．灾害链风险评估的概念模型——以汶川 5.12 特大地震为例．地理科学进展,2013(1):130-138.

[137] 张文侯．台北市防灾避难场所之区位决策分析．台北:台湾大学,1997.

[138] 赵来军,王珂,汪建．城市应急避难场所规划建设理论与方法．北京:科学出版社,2014.

[139] 赵远飞,陈国华．基于改进逼近理想解排序(TOPSIS)法的应急系统优化选址模型研究．中国安全科学学报,2008,18(9):22-28.

[140] 中国地震局．GB 17741—2005 工程场地地震安全性评价．北京:中国标准出版社,2005.

[141] 中华人民共和国公安部．建标 152—2011 城市消防站建设标准．北京:中国计划出版社,2011.

[142] 中华人民共和国国家质量监督检验检疫总局,中国国家标准化管理委员会．GB 21734—2008 地震应急避难场所场址及配套设施．北京:中国标准出版社,2008.

[143] 中华人民共和国建设部,中华人民共和国国家质量监督检验检疫总局．GB 50413—2007 城市抗震防灾规划标准．北京:中国建筑工业出版社,2007.

[144] 钟佳欣．都市旧市区紧急性避难据点之区位配置研究．台南:国立成功大学,2004.

[145] 周霖仪,刘志成,何佳洲．层次-熵值组合赋权法在雷达辐射源识别中的应用．指挥控制与仿真,2009,31(6):27-29.

[146] 周天颖,简甫任．紧急避难疏散场所区位决策支持系统建立之研究．水土保持研究,2001,8(1):17-24.

[147] 周晓猛,刘茂,王阳．紧急避难场所优化布局理论研究．安全与环境学报,2006,6(S):118-121.

[148] 周亚飞,刘茂等,王丽．基于多目标规划的城市避难场所选址研究．测绘学报,2010,10(3):205-209.

[149] 朱佩娟,张洁,肖洪,等．城市公共绿地的应急避难功能——基于 GIS 的格局优化研究．自然灾害学报,2010,19(4):34-42.

[150] 邹亮,徐峰,任爱珠．灾害应急设施选址规划研究．2012 中国城市规划年会论文集,2012:1-15.